材料力学实验教程

郭玉霞　马文华　编

北京理工大学出版社

BEIJING INSTITUTE OF TECHNOLOGY PRESS

图书在版编目（CIP）数据

材料力学实验教程/郭玉霞,马文华编. —北京:北京理工大学出版社,2017.12（2021.7重印）
ISBN 978 - 7 - 5682 - 5028 - 3

Ⅰ.①材…　Ⅱ.①郭…②马…　Ⅲ.①材料力学 - 实验 - 教材　Ⅳ.①TB301 - 33

中国版本图书馆 CIP 数据核字（2017）第 325941 号

出版发行／北京理工大学出版社有限责任公司
社　　址／北京市海淀区中关村南大街 5 号
邮　　编／100081
电　　话／（010）68914775（总编室）
　　　　　（010）82562903（教材售后服务热线）
　　　　　（010）68948351（其他图书服务热线）
网　　址／http：//www.bitpress.com.cn
经　　销／全国各地新华书店
印　　刷／北京虎彩文化传播有限公司
开　　本／787 毫米×1092 毫米　1/16
印　　张／5.5　　　　　　　　　　　　　　责任编辑／封　雪
字　　数／130 千字　　　　　　　　　　　　文案编辑／封　雪
版　　次／2017 年 12 月第 1 版　2021 年 7 月第 2 次印刷　责任校对／周瑞红
定　　价／24.00 元　　　　　　　　　　　　责任印制／李　洋

前　言

　　近几年来，为了适应教学改革，加强实践环节和对学生动手动脑能力的培养，我们对实验教材做了一些改动和补充。目前，材料力学理论课时普遍减少，相反，为了提高学生的实验技能和工作实践能力，全面推进素质教育，材料力学实验课时不但没有减少，反而在逐渐增加。单独设课和开放实验室的学校在不断增加。为适应新形势下的材料力学实验课教学，按照教学大纲的要求，参照教育部的建设标准，结合学校的具体情况编写了这本教材。

　　全书内容共分四章，第一章绪论，介绍了课程的内容、实验的意义和实验程序、误差分析及数据处理等。第二章主要仪器设备介绍，比较详细全面地介绍了常用仪器设备的构造、工作原理、操作规程及其注意事项。第三章基本实验，该部分内容是材料力学课程基本要求规定的实验内容，因此，对实验的具体要求、操作规程和步骤都做了比较详细的叙述，以加强对学生实验基本知识和技能的培养。第四章选择性实验，为提高性实验项目，有一定难度，要求同学们在实验课时外完成。选择性实验中，有的实验是在教师指导下学生独立完成的；有的实验只给提示，要求学生自己设计实验方案和操作步骤，给学生留出充分的思考空间，培养学生的实践和创新能力。另外还有附录，编了一部分实验报告，供同学们使用。

　　力学教研室的李桐栋老师等对本书部分内容的编写提出了宝贵建议，华东交通大学的邹定环老师提供了重要资料，在此深表谢意。另外，在编写过程中参阅了部分兄弟院校材料力学实验指导书。由于时间仓促，编者水平有限，书中难免有不妥和疏漏之处，恳请广大师生批评指正。

编　者

2016 年 10 月

学生实验守则

一、每次实验前要做好准备，必须：

1. 复习有关理论部分；

2. 阅读实验指导书，基本了解实验目的、仪器的工作原理和使用的方法、实验内容、操作步骤及有关实验设备。

二、按照实验课程安排的时间提前五分钟进入实验室。

三、以小组为单位，在教师指导下进行实验。

1. 在上实验课期间，实验小组要有专人负责保管所用的设备、仪表及工具，并组织分工，按照步骤操作规程等进行实验。

2. 小组成员既有分工（可以轮换）又要相互密切配合，认真地进行实验，不得独自无目的地随意动手，以免打乱实验的正常秩序。

四、严格遵守操作规程，爱护一切实验设备。

1. 在进行实验前，应将操作规程、注意事项了解清楚，有不明了者应询问指导教师。

2. 进行每一步实验操作都要经过认真思考，严防出现人身伤害与设备损坏事故，把安全放在第一位，安全为了实验，实验必须安全。

3. 实验中对所有的仪器工具，必须轻拿、轻放，不要随意乱扔，实验中，如果遇到异常情况或仪器设备有不正常现象，应立即停止实验，报告指导教师进行处理。

五、遵守课堂纪律，注意保持实验室内安静和整洁，实验完毕，要求恢复仪器、设备的原状，整理好工具和桌椅等。

六、试验结束由指导教师签字后，学生方可离开实验室。

七、每人在教师规定日期内交报告一份，报告必须独立完成，书写、计算及图表等要清晰、整齐。

八、实验成绩为期终考核的一部分。

目　　录

第一章 绪 论

§1－1 材料力学实验内容

材料力学实验是材料力学的重要组成部分。材料力学的结论及定律、材料的力学性质（机械性质）都要通过实验来验证或测定；各种复杂构件的强度和刚度的研究，也需要通过实验才能解决，因此实验课是非常重要的。通过实验还能培养严肃认真的工作态度、实事求是的科学作风和爱护财物的优良品质。

材料力学实验一般可以分为以下三类。

一、材料的力学性能测定

构件设计时，需要了解所用材料的力学性质，如经常用到的材料的屈服极限、强度极限和延伸率等。这些力学性质数据，是通过拉伸、压缩、扭转和冲击等试验测定的。学生通过这类试验的基本训练，可掌握材料力学性质的基本测定方法，进一步巩固有关材料力学性质的知识。

二、验证已建立的理论

把实际问题抽象为理想的计算模型，再根据科学的假设，推导出一般性公式，这是研究材料力学通常采用的方法。然而，这些简化和假设是否正确，理论计算公式能否在设计中应用，必须通过实验来验证。学生通过这类实验，可巩固和加深对基本概念的理解，学会验证理论的实验方法。

三、应力分析实验

工程实际中，常常会遇到一些构件的形状和载荷十分复杂的情况（如高层建筑物、机车车辆结构等）。关于它们的强度问题，单靠理论计算不易得到满意的结果。因此，近几十年来发展了实验应力分析的方法，即用实验方法解决应力分析的问题。其内容主要包括电测法、光测法等，目前已成为解决工程实际问题的有力工具。本书着重介绍目前应用较广的电测技术。

随着我国现代化建设事业的发展，新的材料不断涌现，新型结构层出不穷，给强度问题和实验应力分析提出了许多新课题。因此，材料力学实验的内容愈来愈丰富，实验技术也将变得更为多样并不断提高。作为一名工程技术人员，只有扎实地掌握实验的基础知识和技能，才能较快地接受新的知识内容，赶上科技浪潮。

§1-2 实验方法概述

本书选编的实验，其实验条件以常温、静载为主，主要测量作用在试件上的载荷和试件的变形。载荷有的要求较大，由几千牛顿到几百千牛顿，故加载设备有的较大；而变形则很小，绝对变形可以小到千分之一毫米，相对变形（应变）可以小到 $10^{-5} \sim 10^{-6}$，因而变形测量设备必须精密。进行实验时，力与变形要同时测量，一般需数人共同完成。这就要求严密地组织协作，形成有机的整体，以便有效地完成实验。

一、准备

明确实验目的、原理和步骤，数据处理方法。实验用的试件（或模型）是实验的对象，要了解它的原材料的质量、加工精度，并细心地测量试件的尺寸。同时要对试件加载量值进行估算，并拟出加载方案。此外，应备齐记录表格以供实验时记录数据。

实验小组成员分工明确，操作互助协调，有统一指挥，不可各行其是。实验时，要有默契或口令，以便互相对应动作。

对所使用的机器和仪器要进行适当的选择（在教学实验中，实验用的机器、仪器往往是指定的，但对选择工作怎样进行应当有所了解）。选择试验机的根据是：需用力的类型（如使试件拉伸、压缩、弯曲或扭转的力）；需用力的量值。前者由实验目的来决定，后者则主要依据试件（或模型）尺寸来决定。变形仪的选择，应根据实验精度以及梯度等因素决定。此外，使用是否方便、变形仪安装有无困难，也都是选用时应当考虑的问题。

准备工作做得愈充分，则实验的进行便会愈顺利，实验工作质量也愈高。

二、实验

开始实验前，要检查试验机测力度盘指针是否对准零点、试件安装是否正确、变形仪是否安装稳妥等。最后请指导教师检查，确认无误后方可开动机器。第一次加载可不做记录（不允许重复加载的实验除外），观察各部分变化是否正常。如果正常，再正式加载并开始记录。记录者及操作者均须严肃认真、一丝不苟地进行工作。试验完毕，要检查数据是否齐全，并注意清理设备，把借用的仪器归还原处。

三、实验报告

实验报告是实验者最后的成果，是实验资料的总结。报告包括下列内容。

（1）实验名称、实验日期、实验人员姓名。

（2）实验目的及原理。

（3）使用的机器、仪表应注明名称、型号、精度（或放大倍数）等。其他用具也应写清，并绘出装置简图。

（4）实验数据及处理数据要正确填入记录表格内，注明测量单位，如厘米或毫米、牛顿或千牛顿。此外，还要注意仪器的精度。在正常状况下，仪器所给出的最小读数，应当在允许误差范围之内。换言之，仪器的最小刻度应当代表仪器的精度，如：百分表的最小刻度是 0.01 mm，其精度即百分之一毫米。应按误差分析理论对数据进行处理。表格均应整洁，书写清晰, 使人容易看出全部测量结果的变化情况和它们的单位及准确度。实验中所用仪器的度盘若是用工程单位制标定的, 数据整理时一律使用国际单位制。

（5）在材料力学实验中, 用计算器计算, 精度足够。但须注意有效数字的运算法则。工程上一般取 3～4 位有效数字。

（6）采用图线表示结果的注意事项。除根据测得的数据整理并计算出实验结果外, 一般还要采用图表或曲线来表达实验的结果。先建立坐标系, 并注明坐标轴所代表的物理量及比例尺。将实验的坐标点用记号"。"或"·"、"△"、"×"表示出来。描绘曲线时, 不要用直线逐点连成折线, 应该根据多数点所在的位置, 描绘出光滑的曲线。例如图 1-1 （a）为不正确的描法, 图 1-1 （b）为正确的描法。

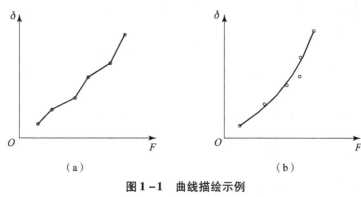

图 1-1 曲线描绘示例

（a）不正确描法；（b）正确描法

（7）实验的总结及体会。对实验的结果进行分析, 说明其优缺点、精度是否满足要求等。对误差加以分析, 并回答教师指定的思考题。

§1-3 误差分析及数据处理

一、误差的概念及分类

实验中, 依靠各种仪表、量具测量某个物理量时, 由于主客观原因, 总不能测得该物理量的真值, 即在测量中存在着误差。若对实验数据取舍和误差分析得当, 则一方面可以避免不必要的误差, 另一方面可以正确地处理测量数据, 使其最大限度地接近真值。

测量误差根据其产生原因和性质可以分为系统误差、过失误差和随机误差。实验时, 必须明确自己所使用的仪器、量具本身的精度, 创造好的环境条件, 认真细致地工作, 这样就可使误差控制在最低程度。

二、系统误差的消除与增量法

分析实验中的具体情况, 可以尽可能地减小甚至消除系统误差。常用的方法如下。

（1）对称法。材料力学实验中所采用的对称法包括两类。对称读数——例如拉伸试验中, 试件两侧对称地装上引伸仪测量变形, 取其平均值就可消去加载偏心造成的影响（球铰式引伸仪构造本身减弱了这种影响）；再如, 为了达到同样目的, 可在试件对称部位分别贴应变片。加载对称——在加载和卸载时分别读数, 这样可以发现可能出现的残余应力应变，并减小过失误差。

（2）校正法。经常对实验仪表进行校正，以减小因仪表不准所造成的系统误差。如根据计量部门规定，材料试验机的测力度盘（相对误差不能大于1%）必须每年用标准测力计（相对误差小于0.5%）校准；又如电阻应变仪的灵敏系数度盘，应定期用标准应变模拟仪进行校准。

（3）增量法（逐级加载法）。当需测量某根杆件的变形或应变时，在比例极限内，载荷由 F_1 增加到 F_2，F_3，…，F_i，…，在测量仪表上，便可以读出各级载荷所对应的读数 A_1，A_2，A_3，…，A_i，…，$\Delta A = A_i - A_{i-1}$ 称为读数差。各个读数的平均值就是当载荷增加 ΔF（一般载荷都是等量增减）时的平均变形或应变。

增量法可以避免某些系统误差的影响。如材料试验机如果有摩擦力 f（常量）存在，则每次施加于试件上的真实力为 $F_1 + f$，$F_2 + f$，…。再取其增量 $\Delta F = (F_2 + f) - (F_1 + f) = F_2 - F_1$，摩擦力 f 便消去了。又如某实验者读引伸仪时，习惯于把数字读得偏高。如果采用增量法，而实验过程中自始至终又都是同一个人读数，个人的偏向所带来的系统误差也可以消除掉。

实验过程中，记录人员如果能随时将读数差算出，还可以消除由于实验者粗心所致的过失误差。

材料力学实验中，一般采用增量法。

三、实验数据整理的几条规定

1. 读数规定

（1）从仪表或量具上读出的标度值是实验的原始数据，一定要认真对待，如实地记录下来，不得进行任何加工整理。

（2）表盘读数一般读到最小分格的1/10，其中最后一位有效数字是可疑数字。

2. 数据取舍的规定

明显不合理的实验结果通常称为异常数据。例如：外载增加了，变形反而减小；理论上应为拉应力的区域测出为压应力等。这种异常数据往往由过失误差造成，发生这种情况时必须首先找出数据异常的原因，再重新进行测试。对于明显不合理数据产生的原因也应在实验报告中进行分析讨论。

3. 实验结果运算的规定

（1）实验结果运算必须遵循有效数字的计算法则。

①加减法运算时，各数所保留的小数点后的位数应与各数中小数点后位数最少的相同。例如：$8.346 + 0.0072 + 13.49$ 应写为 $8.44 + 0.01 + 13.49 = 21.94$，而不应算成 21.9332。

②乘除法运算时，各因子保留的位数以有效数字最少的为准，所得积或商的准确度不应高于准确度最低的因子。

③大于或等于四个数据计算平均值时，有效数字增加一位。

（2）实验结果必须用国际单位制表示。

（3）对于理论值的验证实验，应计算实验值和理论值之间的相对误差。

$$\text{相对误差} = \frac{\text{理论值} - \text{实验值}}{\text{理论值}} \times 100\%$$

对理论值为零的误差，计算时采用绝对误差。

第二章　主要仪器设备介绍

§2-1　液压式万能试验机

能够进行拉伸、压缩、剪切、弯曲等多种试验的机器称为万能试验机。目前我国生产的万能试验机就其施力传动装置或测力装置的不同，可分为液压式、机械式和电子式三种类型。这里介绍最常用的油压摆式万能机，其主要由加载部分、测力部分、自动绘图器和操作面板共四部分组成，其外形如图2-1所示，结构原理如图2-2所示。

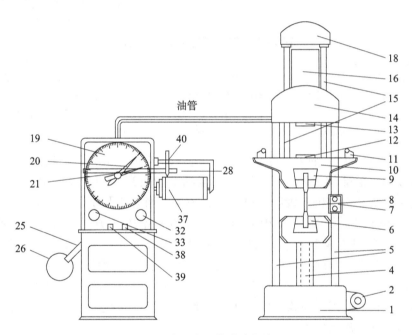

图 2-1　液压式万能试验机外形图

1—底座；2—下夹头升降电动机；4—蜗杆；5—固定立柱；6—下夹头；7—下夹头升降按钮；8—试件；9—上夹头；10—活动平台；11—支座；12—下压板；13—上压板；14—大横梁；15—活动立柱；16—工作油缸；18—小横梁；19—测力度盘；20—主动指针；21—从动指针；25—摆杆；26—摆锤；28—螺杆；32—进油阀；33—回油阀；37—自动绘图器；38—停止按钮；39—启动按钮；40—绘图笔

一、构造原理

1. 加载部分

在机器底座1上，装有两个固定立柱5，它们支承着大横梁14和工作油缸16。开动电动机36，带动油泵35，将油液从油箱34吸入工作油泵，经油泵的出油管送到进油阀32内，

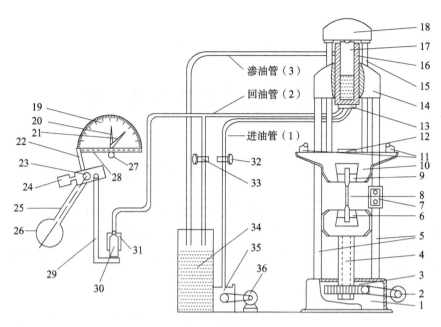

图2-2 液压式万能试验机原理图

1—底座；2—下夹头升降电动机；3—蜗轮；4—蜗杆；5—固定立柱；6—下夹头；7—下夹头升降按钮；
8—试件；9—上夹头；10—活动平台；11—支座；12—下压板；13—上压板；14—大横梁；15—活动立柱；
16—工作油缸；17—工作活塞；18—小横梁；19—测力度盘；20—主动指针；21—从动指针；22—推杆；
23—支点；24—平衡铊；25—摆杆；26—摆锤；27—齿轮；28—螺杆；29—拉杆；30—测力活塞；
31—测力油缸；32—进油阀；33—回油阀；34—油箱；35—油泵；36—电动机

当进油阀32手轮打开时，油液经进油管（1）进入工作油缸16内，通过油压推动工作活塞17，由活塞顶起小横梁18，再由小横梁18带动活动立柱15和活动平台10上升。若将试件两端装在上下夹头9、6之间，因下夹头6固定不动，当活动平台10上升时，试件便受到拉力。若把试件放在活动平台的下压板12上，当活动平台10上升时，由于上压板13固定不动，试件与上压板13接触后，便受到压力，产生压缩变形。把弯曲试件放在两支座11上，当试件随活动平台上升并碰到上夹头后，便产生弯曲变形。一般试验机在输油管路中都装有进油阀门32和回油阀门33。进油阀门用于加载，控制进入工作油缸中的油量，以便调节试件变形速度。回油阀门用于卸载，打开时，可使工作油缸中的压力油流回油箱，活动平台由于自重而下落，回到原始位置。

根据拉伸的空间不同，可启动下夹头升降电动机2，转动底座中的蜗轮3，使蜗杆4上下移动，以调节下夹头6的升降位置。注意当试件已夹紧或受力后，不能再开动下夹头升降电动机2；否则，就会造成下夹头对试件加载，以致损伤机件，烧毁电动机2。

2. 测力部分

测力部分主要由测力度盘19、指针20和21、回油管（2）、测力油缸31、工作油缸16、摆锤26、拉杆29等组成。加载时，工作油缸16中的压力油推动活塞17的力与试件所受的力随时处于平衡状态。由于回油管（2）将工作油缸16和测力油缸31连通，工作油缸内油压通过回油管（2）传到测力油缸并推动测力活塞30向下。通过拉杆29使摆锤26绕支点23转动而抬起，同时摆上的推杆22推动螺杆28，螺杆28又推动齿轮27，齿轮27又带动主动指针20旋转。这样操作者便可从测力度盘19上，读出试件受力的大小。

如果增加或减小摆锤的重量，当指针旋转同一角度时，所需的油压也就不同，即指针在同一位置所指示出的载荷大小与摆锤重量有关。一般试验机有 A、B、C 三种锤重，测力度盘上也相应地有三种刻度，分别表示三种测力范围。例如 300 kN 万能机有 0～60 kN、0～150 kN 和 0～300 kN 三种刻度。试验时，要根据试件所需载荷的大小，选择合适的测力度盘，并在摆杆上挂上相应重量的摆锤即可。

加载前，测力针应指在度盘上的"零"点，否则必须加以调整。调整时，先开动电动机 36，将活动平台 10 升起 5～10 mm，然后移动摆杆上的平衡铊 24，使摆杆保持铅直位置。转动螺杆 28 使主动指针 20 对准"零"点，然后轻轻按下测力度盘中央的弹簧按钮并把从动指针拨到主动指针右边附近即可。先升起活动平台才调整零点的原因是活塞、小横梁、活动立柱、活动平台和试件等有较大的重量，这部分重量必须消除，不应反映到试件荷载的读数中去，只有这样才能避免测力读数的误差。而要消除自重，工作油缸里必须要有一定的油压先将它们升起才能消除，这部分油压并未用来给试件加载，只是消除升起部分的重量。

3. 绘图部分

在试验机上，连有一套附属装置，可以在试验过程中，自动地画出试件所受载荷与变形之间的关系曲线，这种装置称为自动绘图器。自动绘图器 37 装在测力度盘的右边，由绘图笔、导轨架、滚筒、擎线和坠铊等组成。绘图纸卷在滚筒上，水平螺杆运动方向为力坐标 F，滚筒转动方向为变形坐标 ΔL。试件受力时，绘图笔便会自动地把拉伸图（$F-\Delta L$）曲线描绘在绘图纸上。由于线图的精确度较差，所以它绘出的图形只能作为定性的示范，不能当作定量分析。

4. 操作部分

该部分主要由进油阀 32、回油阀 33、启动按钮 39、停止按钮 38、电源开关等组成。进油阀的作用是将油箱里的油送至工作油缸。进油阀门开得大，表示压力油送到工作油缸里的速度快，也就说明试件受力大，变形快。试验时要严格控制进油阀门的大小，保证荷载指针均匀地转动。回油阀的作用主要是使试件卸载，试验完毕后，须打开回油阀，使工作油缸里的油流回油箱。万能试验机的具体操作方法在"操作规程"中具体介绍。

二、操作规程

（1）检查机器：检查油路上各阀门是否处于关闭位置；试件夹头形式和尺寸是否与试件相配合；各保险开关是否有效；自动绘图器是否正常。

（2）选择度盘：根据试件的大小估计所需的最大载荷，选择适当的测力度盘；配置相应的摆锤，调节好回油缓冲器。

（3）指针调零：打开电源，开启油泵电动机，检查机器运转是否正常；关闭回油阀，拧开进油阀，缓慢进油；当活动平台上升少许（约 10 mm）后，便关闭进油阀；移动平衡铊使摆杆保持垂直；然后调整指针指零。

（4）安装试件：做压缩试验时必须保持试件中心受力，将试件放在下夹板的中心位置；安装拉伸试件时，须开动下夹头的升降电动机，调整下夹头位置，夹头应夹住试件全部头部。

（5）进行试验：启动油泵电动机，操纵进油阀；注视测力度盘，慢速加载；操纵机器必须专人负责，坚守岗位，如发生机器声音异常，立即停机。

（6）还原工作：试验完毕，关闭进油阀，打开液压夹具，取下试件；拧开回油阀，缓慢回油，使活动平台回到初始位置，将一切机构复原，停机。

注意事项：试件夹紧后，不得再开动下夹头升降电动机，否则会烧坏电动机。

§2-2 扭转试验机

扭转试验机用于测定金属或非金属试样受扭时的力学性能。目前使用较广的是 NJ 系列扭转试验机，它是采用伺服直流电动机加载、杠杆电子自动平衡测力和可控硅无级调速控制加载速度，具有正反向加载、精度较高、速度宽广等优点。其外形如图 2-3 所示。最大扭矩为 1 000 Nm，有四个量程，分别是 0～100 Nm、0～200 Nm、0～500 Nm、0～1 000 Nm。加载速度为 0～36（°）/min 和 0～360（°）/min 两挡，工作空间为 650 mm。主要由加载部分、测力部分、自动绘图器和操作面板共四部分组成。

一、加载部分

加载部分见图 2-3，主要由伺服直流电动机 9、减速齿轮箱 8 和活动夹头 6 组成。加载机构由六个滚珠轴承支承在机座的导轨上，可以左右滑动。加载时，打开电源开关，直流电动机 9 转动，通过减速齿轮箱 8 的两级减速，带动活动夹头 6 转动，从而对安装在夹头 6 和夹头 5 之间的试件施加扭矩。

操作面板的放大图见图 2-4。面板上 10 为电源开关。加载按钮 7（一组三个按钮），可控制试验机的正反向加载和停机。加载速度由速度范围开关 4 换挡、用调速电位器 6 调节。

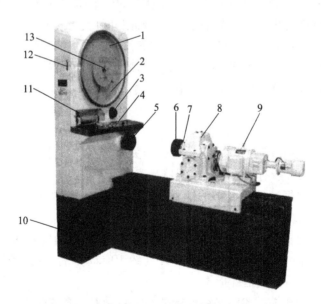

图 2-3 扭转试验机外形图

1—度盘；2—指针；3—量程选择按钮；4—操作面板；5—固定夹头；6—活动夹头；7—刻度环；

8—减速齿轮箱；9—伺服直流电动机；10—机座；11—自动绘图器；12—调零微调旋钮；13—从动针拨动按钮

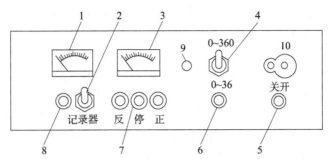

图2-4　扭转试验机的操作面板

1—电流表；2—记录器；3—速度表；4—快、慢挡变速开关；5—电源指示灯；6—调速电位器；

7—正转、反转、停止按钮；8—记录器指示灯；9—复位按钮；10—电源开关

二、测力部分

测力机构为杠杆电子自动平衡系统，如图2-5所示。当试件受扭后，扭矩由固定夹头

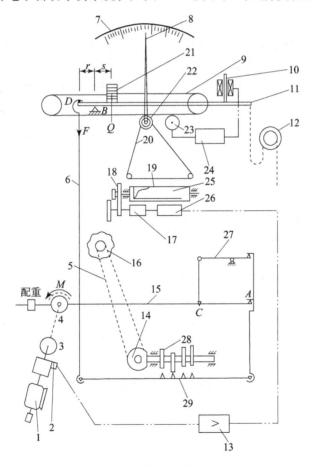

图2-5　测力系统示意图

1—直流电动机；2—自整角发送机；3—活动夹头；4—固定夹头；5—链条；6—拉杆；7—度盘；8—指针；

9，20—钢丝；10—差动变压器铁芯；11，15，27—杠杆；12—调零微调旋钮；13，24—放大器；

14—锥齿轮；16—量程选择旋钮；17—自整角变压器；18—传动齿轮；19—绘图笔；

21—游铊；22—滑轮；23，26—伺服电动机；25—滚筒；28—凸齿轮；29—变支点杠杆

4 传递给测力系统。电动机正向转动,使杠杆 15 逆时针转动,通过 A 点将力传递给变支点杠杆 29;电动机反向转动,则杠杆 15 顺时针转动,通过 C 点将力传递给变支点杠杆 29。拉杆 6 上的拉力 F 通过刀口 D 作用在杠杆 11 的左端。杠杆 11 绕 B 支点转动使右端翘起,推动差动变压器的铁芯 10 移动,发出一个电信号,经放大器 24 使伺服电动机 23 转动,带动钢丝 9 拉动游铊 21 水平移动,当游铊移动,以 B 为支点的力矩达到平衡 $Q \times s = F \times r$ 时,杠杆 11 又恢复到水平状态,差动变压器的铁芯也恢复零位。这时差动变压器无信号输出,伺服电动机 23 停止转动。由此可见,扭矩大小与游铊的移动距离 s 成正比,与拉动载荷 F 成正比。钢丝 9 带动滑轮 22 旋转,从而使指针 8 偏转,偏转角度与游铊位移 s 成正比。经过生产厂家专业标定,指针便可在示力盘上指示出扭矩的具体数值。

若需要变换示力度盘,转动量程选择旋钮 16,经过链条 5 和锥齿轮 14 带动凸齿轮 28 旋转,使凸齿轮轴上的不同凸齿与变支点杠杆 29 上的不同支点接触,这样便可改变杠杆 29 上力臂比例,达到了变换测力矩范围之目的。

三、自动绘图

对于扭转试验,要记录扭矩 M 和扭转角 ϕ 曲线,即 $M - \phi$ 曲线。绘图器由绘图笔 19 和滚筒 25 等组成。绘图笔水平移动量表示扭矩大小,在滑轮 22 带动指针转动的同时,又带动钢丝 20 使绘图笔水平移动。绘图滚筒的转动表示活动夹头 3 的绝对转角,它是由自整角发送机 2 给出转动信号,经放大器 13 放大后输给伺服电动机 26 和自整角变压器 17,从而使绘图筒转动,其转动量与试件的转角成正比,这样就会自动绘制出扭矩 – 转角($M - \phi$)曲线。

四、操作步骤和注意事项

(1)估算试验所需要的最大扭矩,选择合适的量程。
(2)根据试样夹持端形状,选择合适的钳口和衬套。
(3)装好自动绘图器上的纸和笔,并打开绘图器开关。
(4)打开电源,转动调零微调旋钮 12,使主动针对准零点,并把从动针拨至零位。
(5)安装试件,先将试件的一端插入固定夹头 4 中,并夹紧。调整加载机构水平移动,使试件的另一端插入活动夹头 3 中后再夹紧。
(6)正式加载试验。根据需要将加载开关上的正转或反转按钮按下,逐渐调节变速电位器,使直流电动机转动对试件施加扭矩。
(7)试验完毕,立即停机,取下试件,机器复原并清理现场。

注意事项:

(1)开机前要把调速电位器左旋到零点,以防开机时产生冲击力矩而损坏试验机零部件。
(2)要在停机状态下,扳动"快、慢挡变速开关"进行变速。
(3)施加扭矩后,禁止转动量程选择手轮。
(4)试验要注意安全,避免衣物被试验机拉扯环绕。

§2-3　几种变形仪

一、百分表

变形仪是测量试件变形的基本仪器。目前广泛应用的有杠杆式引伸仪、表式引伸仪、应变式引伸仪等各种类型的引伸仪。虽然结构形式不同，但一般都由三个基本部分组成：感受变形部分——用来直接与试件表面接触，以感受试件变形的机构；传递和放大部分——把感受到的变形加以放大的机构；指示部分——指示或记录变形大小的机构。下面主要介绍表式引伸仪——百分表（千分表）。

百分表的构造如图2-6所示。其基本原理为，测杆上下移动，通过齿轮传动，带动指针转动，将测杆轴线方向的位移量转变为百分表（千分表）的读数。把百分表（千分表）的圆周边等分成100个小格（千分表等分成200个小格），百分表指针每转动一圈为1 mm，每格代表1/100 mm（千分表指针每转动一圈为0.2 mm，每格代表1/1 000 mm）。

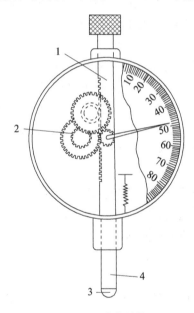

图2-6　百分表结构图
1—齿条；2—齿轮；3—测头；4—测杆

二、杠杆式引伸仪

此引伸仪是一种机械式的变形仪，其基本标距为20 mm，根据需要还可用附件加长标距，放大倍数为900～1 300倍，量程为0.1～0.25 mm。它是通过一系列的杠杆放大来完成读数的，这里不再一一赘述。

§2-4　应变电测基础知识及电阻应变仪

电测法的基本原理是用电阻应变片测定构件表面的线应变，再根据应变-应力关系确定构件表面应力状态的一种实验应力分析方法。这种方法是将电阻应变片粘贴到被测构件表面，当构件变形时，电阻应变片的电阻值将发生相应的变化，然后通过电阻应变仪将此电阻变化转换成电压（或电流）的变化，再换算成应变值或者输出与此应变成正比的电压（或电流）信号，由记录仪进行记录，就可得到所测定的应变或应力，其原理框图如图2-7所示。

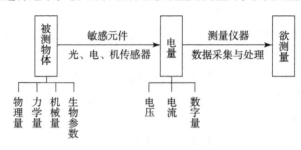

图 2-7 电测法原理框图

应力-应变的电测方法不仅用于验证材料力学的理论、测量材料的机械性能，而且作为一种重要的工程测试手段，为解决工程实际问题及从事科学研究提供了良好的实验基础。因此，掌握这种实验方法，可增强解决实际问题的能力。

电测法的优点如下：

（1）测量灵敏度和精度高。其最小测量灵敏度为1微应变（即 10^{-6}）。在常温静态测量时，误差一般为 $1\% \sim 3\%$；动态测量时，误差在 $3\% \sim 5\%$ 范围内。

（2）测量范围广。可测 $\pm(1\sim2)\times10^4$ 微应变；力或重力的测量范围为 $10^{-2}\sim10^5$ N。

（3）频率响应好。可以测量从静态到数十万赫兹的动态应变。

（4）轻便灵活。在现场或野外等恶劣环境下均可进行测试。电阻应变片最小标距仅0.2 mm。

（5）能在高、低温或高压环境等特殊条件下进行测量。

（6）便于与计算机连接并进行数据采集与处理，易于实现数字化、自动化及无线电遥测，可广泛用于生产管理的自动化及控制。

（7）可制成各种传感器，如力、位移、压力、加速度传感器等。

该方法的缺点如下：

（1）只能测量构件表面有限点的应变，而不能测量构件内部的应变。

（2）只能测得电阻应变片栅长范围内的平均应变值，因此对应力集中及应变梯度大的应力场进行测量时会引起较大的误差。

一、电阻应变片和应变花

1. 应变片的构造与种类

应变片的构造一般由敏感栅、黏结剂、覆盖层、基底和引出线五部分组成（见图2-8）。敏感栅由具有高电阻率的细金属丝或箔（如康铜、镍铬等）加工成栅状，用黏结剂牢固地将敏感栅固定在覆盖层与基底之间。在敏感栅的两端焊有用铜丝制成的引线，用于与测量导线连接。基底和覆盖层通常用胶膜制成，它们的作用是固定和保护敏感栅，当应变片被粘贴在试件表面之后，由基底将试件的变形传递给敏感栅，并在试件与敏感栅之间起绝缘作用。

应变片的种类很多，常用的常温应变片有金属丝式应变片和金属箔式应变片（见图2－9），其中以箔式应变片应用最广。

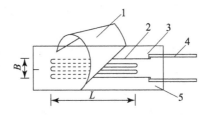

图2－8　应变片的构造

1—覆盖层；2—敏感栅；3—黏结剂；4—引出线；5—基底

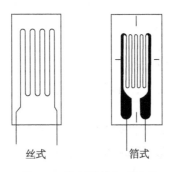

丝式　　　　箔式

图2－9　常见的常温应变片

2. 电阻应变片的工作原理

如果将电阻值为 R 的应变片牢固地粘贴在构件表面被测部位，当该部位沿应变片敏感栅的轴线方向产生应变 ε 时，应变片亦随之变形，其电阻产生一个变化量 ΔR。实验表明，在一定范围内，应变片的电阻变化率 $\Delta R/R$ 与应变 ε 成正比，即

$$\frac{\Delta R}{R} = K \cdot \varepsilon$$

式中，K 为应变片的灵敏系数，与敏感栅的尺寸、形状及电阻变化率等有关，一般由生产厂家标定好，其值在2.0左右。

由上式得知，只要测出应变片的电阻变化率 $\Delta R/R$，即可确定试件的应变 ε。

3. 电阻应变花

应变花是一种多轴式应变片，是由两片或三片单个的应变片按一定角度组合而成（见图2－10），具体做法是在同一基底上，按特殊角度布置了几个敏感栅，可测量同一点几个方向的应变，它用于测定复杂应力状态下某点的主应变大小和方向。

90°应变花　　　　　45°应变花　　　　　120°应变花

图2－10　应变花的组成

4. 电阻应变片的选择

应变片种类、规格很多，只有正确选用合适的应变片，才能保证测量精度和可靠性，达到预期的测试目的。选用应变片时，应根据试验环境、应力状态、应变梯度及测量精度等因素来决定，一般应遵循以下原则：

（1）应变片标距的选择。在均匀应变场或应变梯度小的构件上测量，应采用标距为 3～10 mm 的中标距应变片。中标距应变片比其他标距的应变片性能要好，且分散性较小。在应变梯度大或有应力集中的区域，应选用小于 3 mm 的小标距应变片，以获得更接近于测点真实应变的测量值。在非均质材料上测量时，应选用长标距的应变片，如在混凝土、岩石、相似材料等构件上进行测量。对动态应变测量时，如应变片在长期交变载荷下工作，应使用疲劳寿命高的应变片，如箔式应变片。测量高频应变时宜选用标距相对较小的应变片。

应变片在强磁场作用下，使敏感栅产生磁致伸缩，产生干扰信号，造成测量误差，因此，敏感栅材料应采用磁致伸缩效应小的镍铬合金、铂钨合金或防磁应变片。

（2）基底的选择。基底的材料决定了应变片的工作温度，测量时应根据构件的温度，选择适合该温度范围内使用的应变片，在明显超出应变片的工作温度范围时，应变片的正常工作特性不能保证。

潮湿对应变片的性能影响很大，潮湿将使应变片对构件之间的绝缘电阻变小、电容变化和黏结强度降低等，造成零点漂移，灵敏度下降，因而产生误差，严重时甚至使应变片锈蚀损坏。在潮湿环境中，应使用防潮性能好的胶膜基底应变片，并采取适当的防潮措施，如涂敷各种防潮剂等。

（3）敏感栅个数的选择。在单向应力状态下，沿应力方向贴片测量应变时，应采用单轴应变片。而在平面应力状态下测量应变时，应使用应变花，应变花的面积要尽量小，相对地接近于一个点为好，且横向效应系数要小。

（4）测量精度的选择。工厂生产的应变片同一规格分为若干精度等级，应根据应变测量中对精度的要求选择合适的等级。一般认为以胶膜为基底，如铜镍合金或镍铬合金材料为敏感栅的应变片性能较好，它具有精度高、稳定性和防潮性能好等优点。

（5）电阻值的选择。用于应变测量时，应选用名义值为 120 Ω 的应变片，因为应变仪的电桥是按 120 Ω 桥臂电阻的应变系数 $k = 2.00$ 设计的。采用其他阻值时，对测量结果要进行修正。

5. 电阻应变片的粘贴与防护

（1）应变片选择和检查。在确定采用应变片类型后，应该对应变片进行外观检查和阻值测量。检查应变片的敏感栅有无锈斑、缺陷，基底和覆盖层有无破损，引线是否牢固。电阻值测量的目的是检查应变片是否有断路或短路情况，并按阻值进行分选，以保证使用同一温度补偿片的一组应变片，其阻值差不超过 ±0.1 Ω。

（2）黏结剂选择。目前常用的应变胶有以下几种。氰基丙烯酸酯，如 501、502 胶，其优点是：在常温下指压快速固化，操作简便，容易掌握，黏结强度高；缺点是耐久性、耐潮性差。它主要用于短期内的应变测量。环氧树脂，如 914 胶；酚醛树脂，如 1720 胶、JSF－2 和 JSF－4 胶等多种型号。这两类胶的黏结力强，时间稳定性好，蠕变、滞后小，耐潮性好，能在稍高于常温下工作，主要用于长期应变测量，是制作应变式传感器的理想黏结剂。

（3）测点表面的处理。首先清除测点表面的污垢、漆、锈斑和氧化层，用砂轮或锉刀、砂布等打平、磨光，在磨光的表面用细砂布沿 45°方向交叉打出一些纹路，以便增加黏结力，用钢划针划出贴片定位线，接着用浸有丙酮（或无水酒精）的脱脂棉球擦洗，直至清洗棉球上不见污迹为止。

（4）贴片。在应变片的底面或测点位置上涂薄薄一层胶水，用手指捏住应变片的引线，把应变片轴线对准坐标线，上面盖一块透明的聚四氟乙烯薄膜，用手指均匀按压，并从有引线的一端向另一端滚压，以挤出气泡和过量的胶。轻轻按压适当时间后，即可松开手指。贴好的应变片应保证胶层均匀、位置准确、无气泡和整洁干净。

（5）固化。氰基丙烯酸酯黏结剂（如 501、502 胶水），只要在室温下放置数小时即可充分固化。如经 60℃以内的烘烤可进一步提高黏结强度，一般是用红外线灯烘烤，但要避免聚热。其他需要加温固化的黏结剂，应严格按规范进行。

（6）导线的焊接与固定。在应变片初步固化以后即可进行焊接导线。常温静态测量可使用双芯多股铜芯塑料电缆作导线，动态测量应用屏蔽电缆。导线与应变片引线之间最好使用接线端子，接线端子粘在应变片附近，将导线与应变片引线分别焊接在端子上。常温应变片均用锡焊，导线、引线的焊接应保证无虚焊，已焊好的导线应在零件上牢靠地固定。

（7）检查与防护。对已充分固化并已连接好导线的应变片，在正式使用前必须进行质量检查。除对应变片做外观检查外，尚应检查应变片是否粘贴良好、贴片方位是否正确、有无短路和断路、绝缘电阻是否符合要求等。以上检查没有问题后，应采取恰当的防潮保护措施。防护方法的选择取决于应变片的工作条件、工作期限及所要求的测量精度。对于常温应变片，常采用硅橡胶密封剂、凡士林、蜂蜡及环氧树脂等防护方法。

二、电阻应变仪

电阻应变仪是测量微小应变的精密仪器。其工作原理是利用粘贴在构件上的电阻应变片随同构件一起变形而引起其电阻的改变，通过测量电阻的改变量得到粘贴部位的应变。一般构件的应变是很微小的，要直接测量相应的电阻改变量是很困难的。为此采取电桥把应变片感受到的微小电阻变化转换成电压信号，然后将此信号输入放大器进行放大，再把放大后的信号用应变通过显示器显示出来。

应变仪的种类、型号很多，按测量应变的频率可分为：静态电阻应变仪、静动态电阻应变仪、动态电阻应变仪、超动态电阻应变仪等。按供桥电源可分为：直流电桥应变仪和交流电桥应变仪。

下面介绍我校目前使用的 HD－16A 型静态电阻应变仪，该仪器为新式的静态电阻应变仪，为二合一产品（即测力仪和静态数字电阻应变仪组合在一起），一窗口测力，六窗口同时显示应变值。应变仪采用直流电桥，将输出电压的微弱信号进行放大处理，再经过 A/D 转换器转化为数字量，经过标定，可直接由显示屏读出应变值。（注意：应变仪上读出的应变为微应变，1 个微应变等于 10^{-6} 应变，即 $1\mu\varepsilon = 10^{-6}\varepsilon$）其原理框图如图 2－11 所示。

三、电桥

1. 测量电桥的工作原理

应变仪的核心部分是电桥。电桥采用惠斯通电桥，其工作原理如图 2－12 所示。电阻 R_1、R_2、R_3、R_4 组成电桥的四个桥臂，A、C 和 B、D 分别为电桥的输入端和输出端。输入

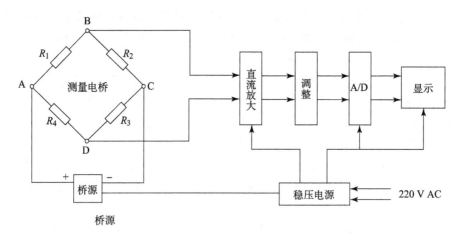

图 2-11 应变仪原理框图

端电压为 E，应变电桥的输出端总是接在放大器的输入端，而放大器的输入阻抗很高，因此电压的输出端可以看成是开路的。其输出电压为

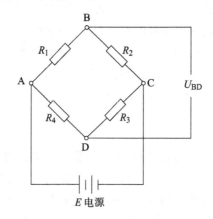

图 2-12 电桥

$$U_{BD} = E\frac{R_1 R_3 - R_2 R_4}{(R_1 + R_2)(R_3 + R_4)} \tag{2-1}$$

当四个桥臂上的电阻产生微小的改变量 ΔR_1、ΔR_2、ΔR_3、ΔR_4 时，B、D 间的电压输出也产生改变量：

$$\Delta U_{BD} = E\frac{R_1 \Delta R_3 + R_3 \Delta R_1 - R_2 \Delta R_4 - R_4 \Delta R_2}{(R_1 + R_2)(R_3 + R_4)} \tag{2-2}$$

若四个桥臂接上电阻值和灵敏系数 K 均相同的电阻应变片，即 $R_1 = R_2 = R_3 = R_4 = R$ 时，

则

$$\Delta U_{BD} = \frac{E}{4}\left[\frac{\Delta R_1}{R_1} - \frac{\Delta R_2}{R_2} + \frac{\Delta R_3}{R_3} - \frac{\Delta R_4}{R_4}\right] \tag{2-3}$$

由于

$$\frac{\Delta R}{R} = K\varepsilon$$

则式（2-3）变为

$$\Delta U_{BD} = \frac{E}{4}(K\varepsilon_1 - K\varepsilon_2 + K\varepsilon_3 - K\varepsilon_4)$$

$$= \frac{KE}{4}(\varepsilon_1 - \varepsilon_2 + \varepsilon_3 - \varepsilon_4) \tag{2-4}$$

应变仪的输出应变为

$$\varepsilon_r = \frac{4\Delta U_{BD}}{KE} = (\varepsilon_1 - \varepsilon_2 + \varepsilon_3 - \varepsilon_4) \tag{2-5}$$

上式表明：

（1）两相邻桥臂上应变片的应变增量同号时（即同为拉应变或同为压应变），则输出应变为两者之差，异号时为两者之和；

（2）两相对桥臂上应变片的应变增量同号时（即同为拉应变或同为压应变），则输出应变为两者之和，异号时为两者之差。

利用上述特性，不仅可以进行温度补偿，增大应变读数，提高测量的灵敏度，还可以测出在复杂应力状态下单独由某种内力因素产生的应变（详见弯扭组合试验和偏心拉伸试验）。具体如何实现，请同学们在电测线路连接中实践，以加深印象。

2. 温度补偿和温度补偿片

贴有应变片的试件总是处在某一温度场中，温度变化会造成应变片电阻值发生变化，这一变化产生电桥输出电压，因而造成应变仪的虚假读数。严重时，温度每升高1℃，应变仪可显示几十微应变，因此必须设法消除。消除温度影响的措施，称为温度补偿。

消除温度影响最常用的方法是补偿片法。具体做法是用一片与工作片规格相同的应变片，贴在一块与被测试件材料相同但不受力的试件上，放置在被测试件附近，使它们处于同一温度场中，将工作片与温度补偿片分别接入电桥 A、B 和 B、C 之间（见图 2-13），当试件受力后，工作片产生的应变为

$$\varepsilon_1 = \varepsilon + \varepsilon_t$$

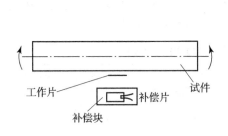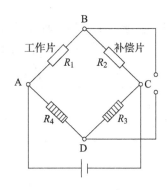

图 2-13　温度补偿原理图

温度补偿片产生的应变为

$$\varepsilon_2 = \varepsilon_t$$

固定电阻 R_3 和 R_4 产生的应变为零，即 $\varepsilon_3 = \varepsilon_4 = 0$。

采用半桥接线法，由式（2-5）可知，应变仪的读数应变为

$$\varepsilon_r = \varepsilon_1 - \varepsilon_2 + \varepsilon_3 - \varepsilon_4 = \varepsilon_1 - \varepsilon_2 + 0 - 0 = \varepsilon_1 - \varepsilon_2 = (\varepsilon + \varepsilon_t) - \varepsilon_t = \varepsilon$$

上式表明，采用补偿片后，即可消除温度变化造成的影响。（应当注意的是：工作片和温度补偿片都是相同的应变片，它们的规格、阻值、灵敏系数都应基本相同，也就是同一包或同一批次的应变片，它们感应温度的效应基本相同，这样才能达到消除温度产生应变的影

响。）当然补偿片也可贴在受力构件上或利用工作片作为温度补偿片，但要保证工作片和补偿片所测的应变值，绝对值相等，符号相反，或关系已知，这样既可以消除温度的影响，又可以增加电桥的输出电压，提高测量的灵敏度。

3. 桥路连接

若 R_1、R_2 为应变片，R_3、R_4 为仪器内部的固定电阻，则称这样的连接为半桥接法（如图 2 – 14 所示），这时 $\varepsilon_3 = \varepsilon_4 = 0$，$\varepsilon_r = \varepsilon_1 - \varepsilon_2$。

若四个桥臂上都连接应变片，则称为全桥接法（如图 2 – 15 所示）。这时 $\varepsilon_r = \varepsilon_1 - \varepsilon_2 + \varepsilon_3 - \varepsilon_4$，全桥接法可以增大读数应变，进一步提高测量灵敏度。

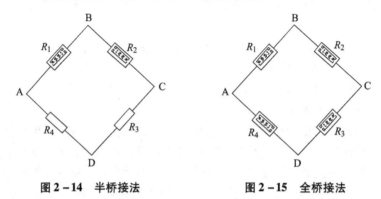

图 2 – 14 半桥接法   图 2 – 15 全桥接法

四、测量桥路的布置

由式（2 – 5）可见，应变仪读数 ε_r 具有对臂相加、邻臂相减的特性。根据此特性，采用不同的桥路布置方法，有时可达到提高测量灵敏度的目的，有时可达到在复合抗力中只测量某一种内力素，消除另一种或几种内力素的作用。同学们可视具体情况灵活运用。表 2 – 1 给出直杆在几种主要变形条件下测量应变使用的布片及接线方法。

表 2 – 1 常见变形情况下应变电测方法

变形形式	需测应变	应变片的粘贴位置	电桥连接方法	测量应变 ε 与仪器数应变 ε_r 间的关系	备注
拉（压）	拉（压）	$F \leftarrow \boxed{\ \ R_1\ \ } \rightarrow F$	R_1 — A R_2 — B — C	$\varepsilon = \varepsilon_r$	R_1 为工作片，R_2 为补偿片
		$F \leftarrow \boxed{R_1\ R_2} \rightarrow F$	R_1 — A R_2 — B — C	$\varepsilon = \dfrac{\varepsilon_r}{1 + \mu}$	R_1 为纵向工作片，R_2 为横向工作片，μ 为材料泊松比

续表

变形形式	需测应变	应变片的粘贴位置	电桥连接方法	测量应变 ε 与仪器数应变 ε_r 间的关系	备　注
弯曲	弯曲	R_2 上面，R_1 下面，受弯矩 M	R_1—A，B，R_2—C	$\varepsilon = \dfrac{\varepsilon_r}{2}$	R_1 与 R_2 均为工作
		R_1、R_2 下面，受弯矩 M	R_1—A，B，R_2—C	$\varepsilon = \dfrac{\varepsilon_r}{1+\mu}$	R_1 为纵向工作片，R_2 为横向工作片
扭转	扭转主应变	R_2、R_1 斜贴，受扭矩 T	R_1—A，B，R_2—C	$\varepsilon = \dfrac{\varepsilon_r}{2}$	R_1 和 R_2 均为工作片
拉（压）弯组合	拉（压）	R_2 上面，R_1 下面，受 F、M，R、R 另贴	R_2-R_1—A，B，R-R—C	$\varepsilon = \varepsilon_r$	R_1 和 R_2 均为工作片，R 为补偿片
			桥路 R_1-B-R，A—C，R-D-R_2	$\varepsilon = \dfrac{\varepsilon_r}{2}$	
	弯曲	R_2 上面，R_1 下面，受 F、M	R_1—A，B，R_2—C	$\varepsilon = \dfrac{\varepsilon_r}{2}$	R_1 和 R_2 均为工作片
拉（压）扭组合	扭转主应变	R_2、R_1 斜贴，受 F、T	R_1—A，B，R_2—C	$\varepsilon = \dfrac{\varepsilon_r}{2}$	R_1 和 R_2 均为工作片

变形形式	需测应变	应变片的粘贴位置	电桥连接方法	测量应变 ε 与仪器数应变 ε_r 间的关系	备注
拉（压）扭组合	拉（压）			$\varepsilon = \dfrac{\varepsilon_r}{1+\mu}$	R_1、R_2、R_3、R_4 均为工作片
				$\varepsilon = \dfrac{\varepsilon_r}{2(1+\mu)}$	
扭弯组合	扭转主应变			$\varepsilon = \dfrac{\varepsilon_r}{4}$	R_1、R_2、R_3、R_4 均为工作片
	弯曲			$\varepsilon = \dfrac{\varepsilon_r}{2}$	R_1 和 R_2 均为工作片

五、应变仪的使用

以 HD-16A 型静态电阻应变仪为例，介绍其使用方法。该仪器为二合一产品（即一窗口测力，六窗口同时显示应变值的应变仪），其外形如图 2-16 所示。

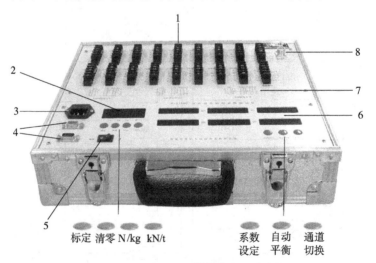

标定　清零　N/kg　kN/t　　　系数　自动　通道
　　　　　　　　　　　　　　　设定　平衡　切换

图 2-16　HD-16A 型静态电阻应变仪

1—通道接线端子；2—测力显示窗口；3—电源插座；4—通信接口；5—电源开关；

6—应变显示窗口；7—桥路接线示意图；8—传感器输入插座

1. 面板介绍

面板上主要分布排列着 16 个通道的接线端子，横向 CH1，CH2，CH3，CH4，…，CH15，CH16，即为应变仪的通道接线端子编号，纵向 A、B、C、D 为电桥的四个桥臂交点（B1 为测量电桥的辅助接线端子，用于 1/4 桥测试时的稳定测量，半桥、全桥测试时不使用 B1 端）。接线端子分两大排排列，每排由九组接线端子组成，其中前八组接线端子为"测量通道"接线端子（即可接入八个测点），最末一组接线端子为"桥路选择"接线端子，用于进行 1/4 桥测试时的温度补偿、半桥或全桥测量的选择。具体接线方法可根据测试需要，按桥路接线示意图（图 2-17）进行 1/4 桥、半桥和全桥的连接。

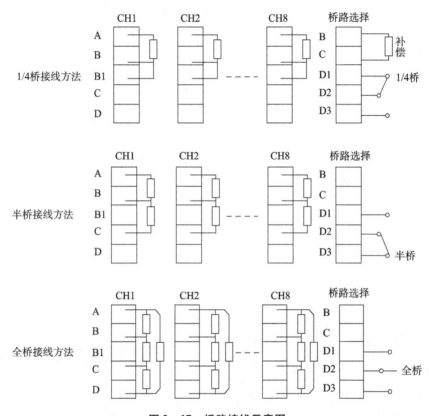

图 2-17　桥路接线示意图

2. 操作步骤

（1）按下电源开关，预热 20 min。

（2）选择桥路形式：根据测试需要，选择 1/4 桥、半桥或全桥。

（3）应变片灵敏系数 K 值设定和桥臂电阻值选择：根据应变片灵敏系数的大小和桥臂电阻值，在面板上进行相应的设定和选择。

（4）接线：按所需的 1/4 桥、半桥或全桥的接线示意图进行接线。具体接线方法是：1/4 桥测量时，工作片接 "A、B"，同时 "B、B1" 用短路线连接好，温度补偿片接到补偿的接线端子上，桥臂转换连接线接入 1/4 桥；半桥测量时，工作片接 "A、B"，同时 "B、B1" 之间的短路线断开，桥臂转换连接线接入半桥；全桥测量时，则将四个电阻应变片分别接在 A、B、C、D 四个接线端子上，同时 "B、B1" 之间的短路线断开，桥臂转换连接线也断开。注意：所有的接入线叉子都要用十字螺丝刀将其拧紧在接线端子上。

（5）清零：按"自动平衡"键，对各测点进行清零，未加荷载时各测点的应变值应该为"0"，如果不为"0"，重按"自动平衡"键，直到所有测点均显示为"0"，或"±0001"也可。

（6）加载：按测试要求进行加载。

（7）测量：加载到相应载荷时，记录各测点相应的应变值（注意正负号，数字前有"－"号者为压应变，无"－"号者为拉应变）。如果所接的测点较多，一屏显示不下，则按"通道切换"键转到下一屏，一屏显示六个测点（即六个通道）。

§2－5 材料力学多功能组合试验台

该试验台是将多个单项材料力学实验集中在一个试验台上进行，是一套小型的组合试验装置。用时稍加准备，转动旋转臂，切换到各个试验的相应位置后，然后拧紧固定，即可进行梁的弯曲正应力试验、弯扭组合试验、偏心拉伸试验，材料弹性模量 E、泊松比 μ、切变模量 G 的测定，悬臂梁、复合梁、叠合梁、刚架、二铰拱、无铰拱、曲梁的内力、变形测试等多种试验。

该装置主要由基座平台、圆管固定支座、简支支座、固定立柱、旋转臂、加载手轮、荷载传感器、拉压接头以及各种试件组合而成。其构造如图 2－18 所示。

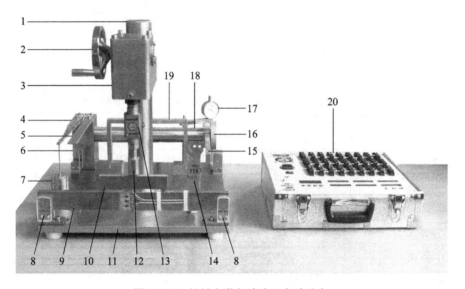

图 2－18 材料力学多功能组合试验台

1—固定立柱；2—加载手轮；3—旋转臂；4—等强度梁；5—悬臂梁；6—圆管固定支座；7—砝码；
8—简支支座；9—矩形梁；10—分力梁；11—基座平台；12—压头；13—拉压力传感器；14—拉伸试件；
15—扭转力臂；16—轴承支座；17—百分表；18—空心圆管；19—刚架；20—应变仪

该试验台的使用方法如下：

（1）将荷载传感器的输出插头插入应变仪的传感器输入插座上，将电源线插头插入应变仪的电源插座上。之后打开应变仪电源进行设置和清零，根据试验需要，安装试件或更换拉压接头，转动旋转臂到各个试验的相应位置。

（2）检查试件、支座、拉压接头的相应位置是否对中、对准，是否符合要求，若达到要求，拧紧固定。

（3）缓慢转动加载手轮，便可对试件施加拉力或压力（顺时针转动施加压力，逆时针转动施加拉力）。荷载的大小由"力值显示窗口"显示，单位为"N"，数字前显示"－"号表示压力，无"－"号表示拉力。荷载大小根据材料的性质、试件的尺寸和试验的具体要求来确定。

注意事项：

切勿超载，所加荷载不得超过各试验的规定要求，最大不超过 7 000 N，否则将损坏荷载传感器。

第三章　基本实验

概　　述

机械性能又称为力学性能，是指材料在力或能量作用下所表现的行为。

任何一种材料受力后都要产生变形，变形到一定程度即发生断裂。而"受力—变形—断裂"这一破坏过程是按一定规律进行的。如单向拉伸时，这一规律可用应力应变曲线来描述（图7-1）。可以看出，材料在加载过程的任一时刻，应力和应变都存在确定关系。即一定变形条件下，材料的承载能力是确定的。但是应力和应变的增长是有限度的，达到某一极值后，材料就会彻底断裂。这说明材料在整个破坏过程中，不仅有一定的变形能力，而且对变形和断裂有一定的抵抗能力，这些能力统称为力学性能。

结构零件在工作中要传递力或能量，在拉、压、弯、扭、冲击、疲劳等各种负荷条件下，常常由于过量变形、尺寸改变、表面损伤或断裂而失效。为避免各种失效现象的发生，必须通过实验测定材料在不同负荷条件下的力学性能，并规定具体的力学性能指标，以便为结构零件的选材和预防失效提供可靠的依据。材料主要的力学性能指标有屈服强度、抗拉强度、材料刚度、延伸率、截面收缩率、冲击韧性、疲劳极限、断裂韧性和裂纹扩展特性等。

力和变形的关系曲线是材料力学性能的宏观表现。它形象地反映了材料的破坏规律，用它可以定性、定量地分析材料的力学性能，并相应地确定各种有关指标。因此，如何精确地记录力和变形的关系曲线，往往是实验的关键。

力学性能实验是在材料试验机上进行的，试验机是给试样加载的专用设备，必须要有足够的测力范围和测力精度。

应当指出，一些弹性条件下的力性指标如 E、μ，以及微量塑性条件下的指标如弹性极限 σ_e 和条件屈服极限 $\sigma_{0.2}$，还有其他一些指标如硬化指数 n 等，对于变形测量都有严格的要求。因此不论采用机械测量、光学测量还是电测测量都要用精度很高的引伸计来直接感受试样上的变形。如机械式的单、双表引伸计，杠杆引伸计和镜式引伸仪等。目前微小变形测量的常用方法是电测法，试样上的应变可用贴在其上的电阻片直接感受，由于一般力学性能实验多属破坏性实验，试样使用一次即破坏，应变片亦只能粘贴一次，不能重复使用。为此用电测法测定材料的力学性能时，感受试样的变形一般都采用应变式引伸计。这种引伸计卡在试样上，可将试样的变形感受下来并转化成电信号；通过放大器或应变仪即可进行精确测量。试样上的力和变形可逐点精确测量，然后拟合成力和变形的关系曲线。如果试验机上装有载荷传感器，那么试样上的力也可转化成电信号输出，当力和变形经传感器转化成电信号，并通过放大器放大再输入给 $x-y$ 函数记录仪后，那么力和变形的关系曲线即可精确地自动记录下来。目前这种自动记录曲线的图解法在科研和生产上已得到愈来愈广泛的应用。

　　普通材料试验机分为机械传动和液压传动两大类。在普通试验机上进行实验，感受变形的引伸计和实验曲线的自动记录设备需要单独配置。目前国内外已开始使用电子技术控制的新型万能材料试验机（参看附录），这类试验机可进行动、静态多种性能的实验，它不仅具有很大的测力范围和很高的示值精度，而且附有精密的自动记录设备。当配有计算机时，还可进行数据处理和自动控制。

　　试样的制备是实验的重要环节。实验用的材料必须按照规定制成的光滑小试样。光滑小试样由于体积小表面光滑，可以减少杂质、宏观缺陷和组织不均匀给实验带来的误差，使测定的数据比较集中，能较好地反映材料的属性。在为生产和科研提供数据时，实验方法、实验设备和试样的制备，可参照有关标准和规定执行。本课程要求学生重点掌握各种指标的物理概念、测试原理和仪器的操作。

§3－1　拉伸试验

　　单向拉伸实验是研究材料机械性能最基本、应用最广泛的实验，由于实验方法简单且易于得到较可靠的实验数据，一般工厂中都广泛的利用其实验结果来检验材料的机械性能，试验提供的 E、δ_s、δ_b、δ 和 φ 等指标，是评定材质和进行强度、刚度计算的重要的依据，金属材料出厂时一般都要提供上述指标以供使用和参考。

　　不同性质的材料拉伸过程不同，其 $\sigma-\varepsilon$ 曲线也会存在很大差异，低碳钢和铸铁是性质截然不同的两种典型材料，它们的拉伸曲线在工程材料中具有典型的意义，因此掌握它们的拉伸过程和破坏的特征有助于正确、合理地认识和选用材料。

一、实验目的

　　（1）测定低碳钢的屈服极限 σ_s、强度极限 σ_b、延伸率 δ 和断面收缩率 ψ。

　　（2）测定铸铁的强度极限 σ_b。

　　（3）观察拉伸过程中的各种现象（屈服、强化、颈缩、断裂特征等），并绘制拉伸图（$F-\Delta L$ 曲线）。

　　（4）比较塑性材料和脆性材料力学性质特点。

二、仪器设备

　　（1）油压摆式万能试验机。

　　（2）游标卡尺或千分尺。

三、试件

　　试件一般制成圆形或矩形截面，圆形截面形状如图 3－1 所示，试件中段用于测量拉伸变形，此段的长度 L_0 称为"标距"。两端较粗部分是头部，为装入试验机夹头内部分，试件头部形状视试验机夹头要求而定，可制成圆柱形（图 3－1（a））、阶梯形（图 3－1（b））、螺纹形（图 3－1（c））。

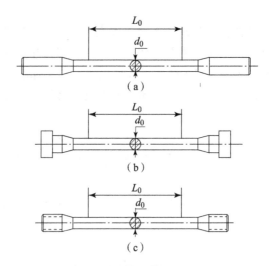

图 3 – 1　圆形截面试件

实验表明，试件的尺寸和形状对实验结果会有影响。为了避免这种影响，便于各种材料力学性能的数值互相比较，所以对试件的尺寸和形状国家都有统一规定，即所谓"标准试件"，其形状尺寸的详细规定参阅国家标准《金属拉伸试验试样》GB/T 6397 – 1986。标准试件的直径为 d_0，则标距 $L_0 = 10d_0$ 或 $L_0 = 5d_0$，d_0 一般取 10 mm 或 20 mm。矩形截面试件标距 L 与横截面面积 A 的比例为 $L_0 = 11.3\sqrt{A}$ 或 $L_0 = 5.65\sqrt{A}$。

四、实验原理

将划好刻度线的标准试件，安装于万能试验机的上下夹头内。开启试验机，由于油压作用，活动平台上升。因下夹头和蜗杆相连，一般固定不动。上夹头在活动平台里，当活动平台上升时，试件便受到拉力作用，产生拉伸变形。变形的大小可由滚筒或引伸仪测得，力的大小通过指针直接从测力度盘读出，$F - \Delta L$ 曲线可以从自动绘图器上得到。

低碳钢是典型的塑性材料，试样依次经过弹性、屈服、强化和颈缩四个阶段，其中前三个阶段是均匀变形的。

用试验机的自动绘图器绘出低碳钢和铸铁的拉伸图（图 3 – 2）。对于低碳钢试件，在比例极限内，力与变形成线性关系，拉伸图上是一段斜直线（试件开始受力时，头部在夹头内有一点点滑动，故拉伸图最初一段是曲线）。

低碳钢的屈服阶段在试验机上表现为测力指针来回摆动，而拉伸图上则绘出一段锯齿形线，出现上下两个屈服荷载。对应于 B' 点的为上屈服荷载。上屈服荷载受试件变形速度和表面加工的影响，而下屈服荷载则比较稳定，所以工程上均以下屈服荷载作为计算材料的屈服极限。屈服极限是材料力学性能的一个重要指标，确定 F_s 时，须缓慢而均匀地使试件变形，仔细观察。

试件拉伸达到最大荷载 F_b 以前，在标距范围内的变形是均匀分布的。从最大载荷开始便产生局部伸长的颈缩现象；这时截面急剧减小，继续拉伸所需的载荷也减小了。试验时应把测力指针的副针（从动针）与主动针重合，一旦达到最大荷载时，主动针后退，而副针则停留在载荷最大的刻度上，副针指示的读数为最大载荷 F_b。

铸铁试件在变形极小时，就达到最大载荷 F_b，而突然发生断裂，没有屈服和颈缩现象，是典型的脆性材料（拉伸曲线见图 3 - 2）。

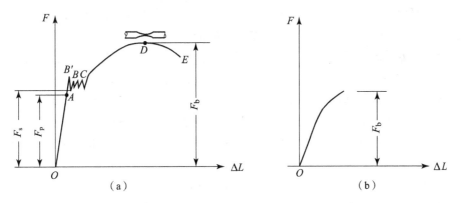

图 3 - 2 低碳钢和铸铁的拉伸曲线

（a）低碳钢拉伸图；（b）铸铁拉伸图

五、操作步骤

（1）测量试件尺寸。

用游标卡尺在试件标距长度 L_0 范围内，测量两端及中间等三处截面的直径 d_0，在每一处截面垂直交叉各测量一次，三处共需测量六次。取三处中最小一处之平均直径 d_0 作为计算截面面积 A_0 之用（要求测量精度精确到 0.02 mm）。

在试件的标距长度内，用划线器划出 100 mm 的两根端线作为试件的原长 L_0。

（2）选择度盘。根据试件截面尺寸估算最大荷载（$F_{max} = A_0 \times \sigma_b$），并选择合适的测力度盘。配置好相应的砝（摆锤），调节好相应回油缓冲器的刻度。

（3）指针调零。打开电源，按下（绿色）油泵启动按钮，关闭回油阀（手感关好即可，不用拧得太紧），打开进油阀（开始时工作油缸里可能没有液压油，需要开大一些油量，以便液压油快速进入工作油缸，使活动平台加速上升）。当活动平台上升 5 ~ 10 mm，便关闭进油阀（如果活动平台已在升起的合适位置时，则不必先打开进油阀，仅将进油阀关好即可；如果活动平台升得过高，试件无法装夹，则需打开回油阀，将活动平台降到合适的位置并关好即可）。移动平衡锤使摆杆保持铅垂（铅垂的标准是摆杆右侧面和标示牌的刻画线对齐重合）。然后轻轻地旋转螺杆使主动针对准度盘上的零点，并轻轻按下拨钩拨动从动针与主动针靠拢，注意要使从动针靠在主动针的右边。同时调整好自动绘图器，装好纸和笔并打下绘图笔。

（4）安装试件。

先将试件安装在试验机上夹头内，再开动下夹头升降电动机（或转动下夹头升降手轮）使其达到适当的位置，然后把试件下端夹紧，夹头应夹住试件全部头部。

（5）检查。

先请指导教师检查以上步骤完成情况，并经准许后方可进行下步试验。

（6）进行试验。

用慢速加载（一般进油阀顺手转两下，即半圈左右），缓慢均匀地使试件产生变形。当指针转动较快时，关小一些进油量，指针转动较慢时，则增大一些进油量。

在试件受拉的过程中注意观察测力指针的转动和自动绘图器上的 F – ΔL 曲线的轨迹。当测力指针倒退时（有时表现为指针来回摆动），说明材料已进入屈服阶段，注意观察屈服现象，此时不要增加油量也不要减少油量，让材料慢慢屈服，并抓住时机，记录屈服时的最小载荷 F_s（下屈服点），也就是指针来回摆动时的最小值。

当主动针开始带动从动针往前走，说明材料已过屈服阶段，并进入强化阶段。这时可以适当地再增大一些进油量，即用快一点的速度加载。在载荷未达到强度极限之前把载荷全部卸掉，重新加载以观察冷作硬化现象，继续加载直至试件断裂。在试件断裂前，注意指针移动，当主动针往回走，此时材料已进入颈缩阶段，注意观察试件颈缩现象，这时可以适当地减少一些进油量。当听到断裂声时，立即关闭进油阀，并记录从动针指示的最大载荷 F_b。

（7）结束工作。

取下试件，并关闭电源。将试件重新对接好，用游标卡尺测量断后标距长 L_1（即断后的两个标记刻画线之间的距离）和断口处的直径 d_1。（在断口处两个互相垂直方向各测量一次），最后观察断口形状和自动绘图器上的拉伸曲线图是否与理论相符。

注意事项：

（1）试件夹紧后，不得再开动下夹头的升降电动机，否则要烧坏电动机。

（2）开始加载要缓慢，防止油门开得过大，引起载荷冲击突然增加，造成事故。

（3）进行试验时，必须专人负责，坚守岗位，如发生机器声音异常，立即停机。

（4）试验结束后，切记关闭进油阀，取下试件，打开回油阀，并关闭电源。

六、数据处理

（1）低碳钢试件。根据试验所测的屈服载荷 F_s 和最大的极限载荷 F_b，计算屈服极限 δ_s 和强度极限 δ_b。

$$\sigma_s = \frac{F_s}{A_0} \qquad\qquad \sigma_b = \frac{F_b}{A_0}$$

根据拉伸前后的试件的标距长度和横截面积，计算出低碳钢的延伸率 δ 和截面收缩率 φ。

$$\delta = \frac{L_1 - L_0}{L_0} \times 100\% \qquad\qquad \varphi = \frac{A_0 - A_1}{A_0} \times 100\%$$

（2）铸铁试件。根据试验所测的最大极限载荷 P_b 计算强度极限 δ_b。

$$\sigma_b = \frac{F_b}{A_0}$$

（3）参照自动绘图装置所绘出的拉伸图，绘出两种材料的拉伸曲线和试件试验前后的草图。

七、思考题

1. 由实验现象和结果比较低碳钢和铸铁的机械性能有何不同？

2. 由拉伸实验所测定的材料机械性能有什么实用价值？

3. 低碳钢的屈服现象是怎样发生的？主要是哪种应力引起的？

4. 试验机为什么要调零点？怎样调零？

附：具体实验数据测定方法

1. 材料强度指标 σ_s、σ_b 的测定

（1）屈服极限 σ_s 的测定方法。

在拉伸试验过程中，低碳钢试件开始随载荷平稳地增加而逐渐变形，继续拉伸会出现载荷不增加甚至有所降低而试件还继续伸长，且变形明显增加的最小应力，叫作屈服极限，以 σ_s 表示。从拉伸时试验机上的度盘上看，当指针停止转动或第一次下降回摆的最小载荷即称为屈服荷载，以 F_s 表示。因为屈服荷载受加载速度的影响比较大，指针停止转动表示试件进入屈服阶段，此时荷载还不稳定，定为上屈服点 B'，指针下降或第一次回摆的最小载荷则比较稳定，定为下屈服点 B，故工程上均以 B 点对应的荷载为材料的屈服载荷 F_s，如图 3-2 所示，所以确定屈服载荷 F_s 时必须注意试验机的度盘上的指针转动情况（即指针法测 F_s）。

指针法——根据拉伸试验中度盘上的指针直接读取，当指针停止转动或第一次往回转的最小载荷就是 F_s。F_s 与 σ_s 的关系为 $\sigma_s = \dfrac{F_s}{A_0}$，式中 F_s 是载荷不增加甚至有所降低，试件还继续伸长的最小载荷。屈服极限是表示材料内部的晶粒产生滑移有流动现象的阶段，屈服极限 σ_s 是工程设计中选材的重要依据。

（2）强度极限 σ_b 测定方法。

低碳钢试件在拉伸试验中，过了屈服阶段材料开始强化，继续加载，载荷与试件的变形都是均匀地增加，在载荷到达最大极限之前试件为均匀变形，试件的各部分伸长以及横截面积的缩小基本一致。从载荷到达最大极限值开始，变形集中于试件的某一部分，即试件上出现颈缩，此时度盘上的主动针开始返回，由于细颈的出现，缩颈处的横截面急剧减小，试件承担负荷的能力随之减小，继续拉伸，直至 E 点断裂为止，度盘上的主动针返回，被动针停留在载荷最大值的刻度上，被动针所指出的读数即为最大极限荷载 F_b。测定低碳钢的抗拉强度极限 σ_b 很容易，同样用指针法，由测力度盘上指针的位置直接读出最大的极限荷载 F_b，F_b 与 σ_b 的关系为 $\sigma_b = \dfrac{F_b}{A_0}$。强度极限 σ_b 同样是工程设计中选材的重要依据。

铸铁材料拉伸时，强度极限 σ_b 的测定方法如下。

铸铁材料是典型的脆性材料，如图 3-2（b）所示，其拉伸过程比低碳钢简单，可近似认为是经弹性阶段直接过渡到断裂，其破坏断口沿其横截面方向与正应力方向垂直，断面平齐，有闪光的结晶状组织，说明铸铁的断裂是由拉应力引起的，试验里铸铁常在没有任何预兆的情况下，突然发生脆断，由曲线可见，铸铁无屈服、无颈缩，变形极小，其强度指标只有 σ_b，铸铁拉伸时的抗拉强度极限 σ_b，同样用指针法由测力度盘的指针直接读出最大的极限载荷 F_b，F_b 与 σ_b 的关系为 $\sigma_b = \dfrac{F_b}{A_0}$。

试验时，由试验机上的自动绘图装置同时绘出测试材料的拉伸图，如图 3-2（a）和图 3-2（b）所示，分别为低碳钢和铸铁的拉伸图。应当指出，绘图装置所绘出的拉伸变形 ΔL 是整个试件的变形，不仅包括标距部分的伸长，还包括机器有关部分的弹性变形以及试件头部在内的滑动等。拉伸曲线中最初一段呈现的曲线就是由于加载开始时试件头部在夹头中滑动较大造成的，对于低碳钢屈服阶段，由于指针摆动，所以 B'—C 呈现锯齿形，过了

屈服阶段 C 点，材料强化，继续加载，曲线上升至载荷达到最大极限值 D 点，过了该点，拉伸曲线下降，直至 E 点试件拉断。对于铸铁，由图 3 - 2（b）可以看出主要是弹性变形，载荷 F 与变形 ΔL 是非线性的，在荷载很小的情况下就拉断了。

多数工程材料的拉伸曲线介于低碳钢和铸铁之间，常常只有两个或三个阶段，但强度塑性指标的定义和测试方法基本相同，所以通过拉伸破坏试验，分析比较低碳和铸铁的拉伸过程，确定其机械性能，这在机械性能实验研究中具有典型的意义。

2. 材料的塑性指标及其测定

拉伸时，当应力超过弹性极限后，金属继续发生弹性变形的同时，开始发生塑性变形，主要是材料晶粒间的滑移，由剪应力引起的材料发生塑性变形的能力叫作塑性，为了表示材料的塑性大小，拉伸时以延伸率 δ 和截面收缩率 φ 来表示。

（1）延伸率 δ 的测定。

试件拉断后，将断裂试件的两段的断口对齐并尽量对紧，用游标卡尺测量标距段 L_0 的伸长 L_1，其伸长率 $\delta = \dfrac{L_1 - L_0}{L_0} \times 100\%$。对于塑性材料，断裂前变形集中在缩颈处，这部分变形最大，距离断口位置越远变形越小。断裂位置对延伸率 δ 是有影响的，其中，以断口在试件正中时最大，表示试件塑性变形的分布情况。

低碳钢试样的断口如果在试样的中央附近，δ 即按上式计算。若断口在标距线以外，则试验无效。若断口在靠近端线的 $L_0/3$ 范围之内，那么颈缩影响区的变形将部分地落到标距之外，使 L_1 的长度减少，从而影响 δ 的测定。为此，要采用断口补偿法对 L_1 进行修正。修正的原则是：假想断口置于标距的中央，而且断口两侧的变形基本对称。具体的测量方法是先将破断试样的断口对拢，由于试样的标距在试验前被 n 等分，显然长半头大于 $n/2$ 格，而另半头不足 $n/2$ 格，长半头超出 $n/2$ 的格数正是另半头缺少的格数。测量时，以长半头的 $n/2$ 格作为端线，而另半头不足 $n/2$ 格的部分，用与长半头对称的部分进行补偿。

为了便于比较规定断口，以在标距中央 1/3 部分范围内测出的延伸率为测量标准。若断口不在此范围内则需进行折算，采用断口移中法进行测量。

（2）截面收缩率 φ 的测定。

截面收缩率是试件断裂后截面的相对收缩值，其表达式为 $\varphi = \dfrac{A_0 - A_1}{A_0} \times 100\%$，式中 A_0 为试件原始截面面积，A_1 为断口处最小截面面积，φ 的测定对圆形截面比较方便，只需将断口对正对紧，用卡尺测出断口处的最小直径 D_1（一般从相互垂直方向测两次，取其平均值）后，即可求出 A_1，从而求出 φ。

截面收缩率 φ 不受试件长度的影响，但试件的原始直径不同对 φ 略有影响。

§3 - 2　压缩试验

压缩试验是研究材料机械性能常用的实验方法。对铸铁、铸造合金、建筑材料等脆性材料尤为合适。

单向压缩时的变形过程可用压缩的力和变形的关系曲线来描述。压缩试验的主要机械性能指标与单向拉伸的指标有相同的定义。由低碳钢压缩曲线可见，其弹性阶段、屈服阶段与拉伸曲线大致相同。弹性模量 E 和屈服极限 σ_s 与单向拉伸时大致相等。

由于试样较短，压缩时横截面增大，试样上下两端面上的摩擦力使试样压缩后呈鼓形，最后低碳钢试样只能被压扁，不能压断，因此低碳钢压缩时的强度极限 σ_b 无法测定。

铸铁受拉时处于脆性状态，而受压时却与拉伸时有明显的差别。其压缩曲线上虽然没有屈服阶段，但曲线明显变弯，断裂时有明显的塑性变形，且沿45°左右的斜截面发生剪断。铸铁的压缩强度极限 σ_b 又称抗压强度，也远远大于拉伸时的强度极限 σ_b。

通过压缩试验观察材料的变形过程及破坏方式，并与拉伸试验进行比较，可以分析不同应力状态对材料强度、塑性的影响，从而对材料的机械性能的研究有较全面的认识。

一、实验目的

（1）测定压缩时低碳钢的屈服极限 σ_s 和铸铁的强度极限 σ_b。

（2）观察低碳钢和铸铁压缩时的变形和破坏情况。

二、仪器设备

（1）液压式万能试验机。

（2）游标卡尺。

三、试件

金属压缩试样一般采用圆柱状侧向无约束试件，低碳钢和铸铁等金属材料的压缩试件一般制成圆柱形（图3－3）。同时还规定试样的高径比在一定范围内，其直径 d_0 与高 h_0 之间的比值应控制在 $1 \leqslant \dfrac{h_0}{d_0} \leqslant 3$。当试样承受压力 F 时，其试样上下两端面与试验机支承垫板之间产生很大的摩擦力，端面附近的材料处于三向压应力状态，阻碍了试样上部和下部的横向变形，因而试件变形后如图3－4所示形成鼓形，越靠近垫板变形越小。试样愈短三向应力状态的影响愈突出，试验结果愈不准确，当试样高度增加时，摩擦力对试样中段的影响就会减小，抗压能力也会降低，另外高度过高，受压时试件会造成失稳破坏，抗压强度也不真实，所以压缩试验是有条件的，只有在相同试验条件下，压缩性质才能相互比较，金属压缩试样在制作时要注意 $\dfrac{h_0}{d_0}$ 的比值，端面加工必须严格，绝对保持平行，并与轴线垂直，试验时端面可采用润滑措施以减少摩擦。同时，在安放试件时要注意放在压板的中心，并使用导向装置（图3－5），使试件仅承受轴向压力。

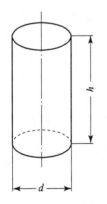

图3－3　压缩试件

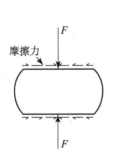

图3－4　压缩试件变形

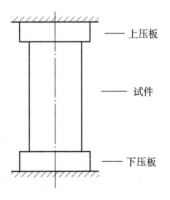

图3－5　试件压缩示意图

低碳钢压缩时，为了测取屈服点，必须对试件缓慢加载，测力计指针在匀速转动的情况下，仔细观察测力计指针的短暂的停顿和摆动。此阶段的最小载荷即为屈服载荷。试样屈服之后产生强化，由于试样变形截面增大，载荷值一直上升，直至把试样压成饼状而不断裂破坏，因此无法测取其拉压强度 σ_b，其压缩曲线如图 3-6 所示。

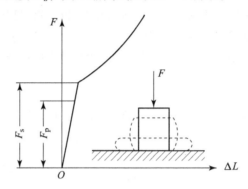

图 3-6　低碳钢压缩

铸铁压缩时，由试样受压时的曲线图看出，随着载荷的增加，试样破坏前会产生较大的塑性变形，直至被压成一定的鼓状才破坏。破坏断口与试样轴线约成45°，可以清晰地看到材料试样受剪面上错动的痕迹（单向拉、压时最大切应力所在面），说明破坏主要是由切应力引起的。

四、操作步骤

1. 低碳钢

（1）测量尺寸：测量试件的高度和直径，直径取试件的上、中、下三处，每处垂直交叉各测量一次，取最小值来计算截面面积 A_0。

（2）选测度盘：根据试件的截面大小估算量程，并选好测力度盘，挂好相应的铊。

（3）指针调零：按下启动按钮，随即关闭回油阀，拧开进油阀，将活动平台提升一小段，便关闭进油阀；然后检查摆杆是否垂直，如果不垂直，调节平衡铊，使摆杆保持垂直；最后将指针调零，并装好绘图纸和绘图笔。

（4）安放试件：将试件安放在下夹板的中心位置或压缩试验装置的中心（注意一定要放在中心，否则偏心受压）。

（5）加载。如果试件或压缩试验装置离上压板空间较大，有几十厘米空间，此时可以将进油阀开到较大，让活动平台快速上升。这时右手控制进油阀，左手放在停止按钮上（控制台面上的红色按钮），眼睛看着试件或压缩试验装置。当试件或压缩试验装置离上压板还差 5 cm 时，左手立即按下停止按钮，右手关闭进油阀（顺时针转动手轮），直到关闭为止。然后重新启动试验机，顺时针转进油阀两下（半圈左右），并缓慢而均匀地加载。打下绘图笔，转动滚筒，使绘图笔处于合适的位置，并注意观察测力指针，如果指针转动较快，则关小一些进油量；如果转动较慢，则开大一些进油量。并注意观察自动绘图器上的 $F-\Delta L$ 曲线。曲线的开始部分为一段斜直线，说明低碳钢在弹性阶段，此时力与变形成比例。当测力指针转动速度减慢或停顿，自动绘图器上的曲线出现拐点时，此时的荷载即为屈服荷载 F_s，记下此荷载。然后再加大一些进油量，继续加载，一般加到 250 kN 即可，停机，此时试件被压成鼓状。如果继续加载，随着载荷的增大，试件将越压越扁，最后将压成饼形而不破裂，如图 3-6 所示。

2. 铸铁

铸铁压缩试验的方法和步骤与低碳钢压缩相同，但要注意铸铁是脆性材料，没有屈服点。从 $F-\Delta L$ 曲线上可以看出，其压缩图在开始时接近于直线，以后曲率逐渐增大，当载荷达到最大载荷 F_b 时，测力指针停顿并开始往回走，预示试件很快破裂，这时关小一些进油量，当听到响声后，立即停机（按下红色按钮），打开回油阀，关闭进油阀，由从动针可读出 F_b 值。试件最后被破坏，如图 3-7 所示，破裂面与试件轴线约成 45°角。

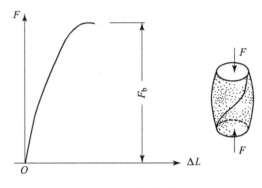

图 3-7 铸铁压缩

注意事项：

（1）当试件或压缩试验装置的顶面与上压板快接触时，进油量一定要小（进油阀控制在半圈即可），否则进油量较大，引起载荷瞬间突然增大，超过试验的最大量程，造成试验机损坏。

（2）铸铁压缩时，不要靠近试件探望，以防试件破坏时，碎片飞出伤人。最好要加上防护装置（有机玻璃罩），防止金属材料的碎屑飞出发生危险。

五、数据处理

计算低碳钢的屈服极限和铸铁强度极限：

$$\sigma_s = \frac{F_s}{A_0} \qquad \sigma_b = \frac{F_b}{A_0}$$

式中，A_0 是试验前试件截面面积。

绘图表示两种材料的变形和断口形状，从宏观角度分析破坏原因；比较并说明两种材料的力学性质特点。

六、思考题

1. 试件偏心时对实验结果有何影响？
2. 为什么不能求得塑性材料的强度极限？
3. 铸铁拉、压破坏时断口为何不同？

§3-3 扭转破坏试验

很多传动零件都是在扭转条件下工作的，测定金属材料扭转条件下的机械性能，对零件的设计、计算和选材十分重要，具有实际意义。尤其是纯扭转时的变形规律及断裂方式为分析材料的破坏原因和抗断能力提供了直接有效的依据，这一点是其他试验不能相比的，因此常用扭转试验来研究不同材料在纯剪切作用下的机械性能。

一、实验目的

（1）测定低碳钢的剪切屈服极限 τ_s 和剪切强度极限 τ_b。
（2）测定铸铁的剪切强度极限 τ_b。
（3）观察低碳钢和铸铁两种材料在扭转过程中的变形规律和破坏特征。

二、仪器设备

（1）扭转试验机。
（2）游标卡尺。

三、试件

扭转试验所用试件与拉伸试件的标准相同，一般使用圆形试件，$d_0 = 10$ mm，标距 $l_0 = 50$ mm 或 100 mm，平行长度 l 为 70 mm 或 120 mm。其他直径的试样，其平行长度为标距长度加上两倍直径。为防止打滑，扭转试样的夹持段宜为类矩形，如图 3-8 所示。

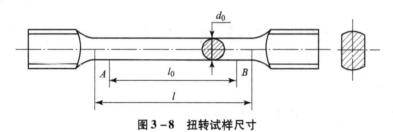

图 3-8 扭转试样尺寸

四、预习要求

（1）复习课程中的扭转理论。
（2）阅读第二章中扭转试验机的工作原理及操作方法。

五、实验原理和方法

扭转试验是材料力学实验最基本、最典型的实验之一。扭转试验在扭转试验机上进行，扭转机的原理及操作规程见本书第二章相关章节。

1. 低碳钢材料剪切屈服极限 τ 及剪切强度极限 τ_b 的测定

低碳钢试件从受扭、开始变形直至破坏，其表现为试件的长度和横截面半径保持不变，外观仍保持圆形，塑性变形沿试样的径向由外到内连续分布，在试件的外表面变形均匀相等。试件受扭直至扭断的全过程可用机器的自动绘图装置绘出扭矩变形图。

进行扭转试验时，把试件两夹持端分别安装于扭转试验机的固定夹头和活动夹头中，开启直流电动机，经过齿轮减速器带动活动夹头转动，试件便受到了扭转荷载，试件本身也随之产生扭转变形。扭转试验机上可以直接读出扭矩 T 和扭转角 φ，同时试验机也自动绘出了 $T-\varphi$ 曲线图，一般 φ 是试验机两夹头之间的相对扭转角。要想测得试件上任意两截面间的相对转角，必须安装测量扭角的传感器或扭角仪。扭转试验的标准是 GB/T 10128 – 1988。

试件受扭以后，随着扭矩 T 的增大，横截面上剪应力发生变化，首先在试件的外沿处到达屈服点，形成环形塑性区，如图 3 – 9（b）所示，塑性区不断向圆心内扩展，$T-\varphi$ 曲线稍微上升，曲线上出现屈服平台，试验机度盘上指针几乎不动，扭矩保持恒定而扭转角继续增加，见图 3 – 10，直至塑性区占据大部分截面，见图 3 – 9（c），此处就是屈服阶段，扭转屈服阶段不像拉伸屈服极限阶段那样明显，因为扭转试件当表面应力达到屈服点时，轴心并未屈服，中心部分仍处于弹性状态，因而扭矩下降不十分明显，所以要求在测定扭转试件屈服极限 τ_s 时，要特别注意试验机度盘指针的变化情况，有时指针停留时间很短就继续上升了，不认真注意就不能准确地测出剪切屈服扭矩 T_s，示力度盘的指针基本不动或轻微摆动，所指刻度即为剪切屈服扭矩 T_s，这时整个圆截面上的应力不再是线性分布，考虑整体屈服后，塑性变形对应力分布的影响，截面上最大剪应力，理论上应按下式计算，即

$$\tau_s = \frac{3T_s}{4W_p}$$

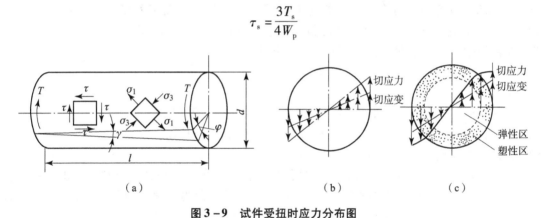

图 3 – 9　试件受扭时应力分布图

（a）试件应力分布；（b），（c）横截面上应力分布

过了屈服阶段，材料开始强化使扭矩又有缓慢上升，但变形非常显著（试件表面轴向的一条涂线变成螺旋线），此时剪应力又从外沿增大到某一值 τ_b，并向内逐渐强化，从图 3 – 10 看，当曲线 $T-\varphi$ 到达最高点处试件扭断，由扭矩度盘的被动针读出最大的破坏扭矩 T_b，此时截面上的最大剪应力，理论上也应按下式计算：

$$\tau_b = \frac{3T_b}{4W_p}$$

式中，W_p 为试件的抗扭截面模量，$W_p = \frac{\pi}{16}d^3$。

因材料本身的差异，低碳钢扭转曲线有两种类型，如图 3 – 10 所示。扭转曲线表现为弹性、屈服和强化三个阶段，与低碳钢的拉伸曲线不尽相同，它的屈服过程是由表面逐渐向圆心扩展，形成环形塑性区。当横截面的应力全部屈服后，试件才会全面进入塑性变形阶段。在屈服阶段，扭矩基本不动或呈下降趋势的轻微波动，而扭转变形继续增加。首次扭转角增加而扭矩不增加（或保持恒定）时的扭矩为屈服扭矩，记为 T_s；首次下降前的最大扭矩为

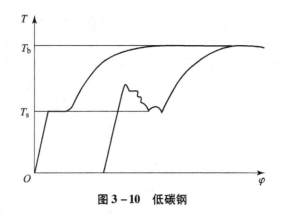

图 3-10　低碳钢

上屈服扭矩，记为 T_{su}；屈服阶段中最小的扭矩为下屈服扭矩，记为 T_{sl}（不加说明时指下屈服扭矩）。对试件连续施加扭矩直至扭断，从试验机扭矩度盘上读得最大值。

2. 铸铁材料剪切强度极限 τ_b 的测定

铸铁试件从开始受扭直到扭断变形非常小，从自动绘图记录中看出铸铁扭转 $T-\varphi$ 曲线（图 3-11）不同于其拉伸曲线。它有比较明显的非线性偏离，其剪应力分布为非线性分布，但由于变形很小就突然断裂，一般仍按线弹性公式计算铸铁的抗扭强度，即断裂时最大扭矩为 T_b，强度极限 τ_b（又称最大抗扭度）计算公式为

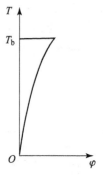

$$\tau_b = \frac{T_b}{W_p}$$

圆形试件受扭时，横截面上的应力应变分布如图 3-9（b）、（c）所示。在试件表面任一点，横截面上有最大切应力 τ，在与轴线成 $\pm 45°$ 的截面上存在主应力 $\sigma_1 = \tau$，$\sigma_3 = -\tau$，见图 3-9（a）。

图 3-11　铸铁

低碳钢的抗剪能力弱于抗拉能力，试件沿横截面被剪断。铸铁的抗拉能力弱于抗剪能力，试件沿与 σ_1 正交的方向被拉断。图 3-12 给出了几种典型材料的宏观断口特征。由此可见，不同材料，其变形曲线、破坏方式、破坏原因都有很大差异。

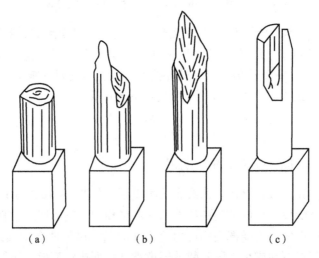

图 3-12　典型材料的宏观断口

(a) 切断断口；(b) 正断断口；(c) 木纹状断口

六、操作步骤

1. 低碳钢

（1）测量试件直径：在试件标距段 l_0 的两端及中间三个截面处，每个截面垂直交叉各测量一次后取平均值，取三处截面中平均值最小的直径计算 W_p。

（2）选择量程：根据材料的性质、直径大小估算所需的最大扭矩 T_{max}，然后转动量程选择手轮选择合适的量程。

（3）主动针调零：转动调零微调使主动针指零（如果主动针已在零位，这步可以不做）。

（4）安装试件：将试件的一端安装于固定夹头中（注意一定要装在正中，并保持试件水平，用眼水平观察），并用内六角扳手旋紧试件，手感旋紧即可，不要旋得太紧；然后缓慢移动齿轮减速箱，使活动夹头靠近试件的另一端，看能否装入，若不能，开启正转或反转，转到合适的位置，使试件顺利插入活动夹头中，并用内六角扳手旋紧夹块夹紧试件（注意：正反转操作，不要一下正转，一下反转，中间一定要按停止按钮过渡，等电动机停下来之后再按反转，否则将损坏电动机或电控元器件）。

（5）划线：在试件的两端和中间用彩色粉笔画三个圆周线，并沿试件表面划一母线，以便观察低碳钢扭转时的变形情况（铸铁变形较小不用画此线）。

（6）选定快慢挡：开始时用慢速加载，将速度快慢挡拨至"慢速"挡（0～36（°）/min），速度调节电位器小指针旋至数字"2"附近。

（7）从动针及刻度环调零：按下从动针拨钩按钮，把从动针拨至主动针的右面并与之重合，旋转360°的刻度环使指针对准0。

（8）进行试验：启动电动机（一般用正转），旋转速度调节电位器进行加载（速度的快慢由电位器控制，快了调小一点，慢了调大一点）。

开始慢速加载，保持指针匀速转动，这时图形上出现一条斜直线，说明此时低碳钢在弹性范围阶段，力与变形成比例。

注意观察主动针，当主动针停止或往回走时，说明材料已进入屈服阶段，此时马上记录屈服荷载 T_s 和转角 φ。

之后"停机"，将"慢速"挡拨至"快速"挡（0～360（°）/min）。再开机，这时加载速度可加快，并将速度调到最大。以后试件每转一圈记录一次载荷，直至试件扭断为止。由被动针读出最大扭矩 T_b（提示：低碳钢扭断时无声响，只是主动针往回走，当主动针往回走时，说明试件已破坏，此时赶紧估读转角度数 φ，否则当停机时，电机的惯性已使转角多转了几十度，转角的整圈数从试件的螺旋线上读出）。

（9）关机取试件：试件断裂后立即停机，取下试件，认真观察分析断口形貌和塑性变形能力。

（10）结束试验：试验机复原，关闭电源，清理现场，并把报废试件丢入废品箱中。

2. 铸铁

实验方法与低碳钢相同，但铸铁试件扭转变形很小就破坏，因此一般用"慢速挡"加载。注意观察铸铁在扭转过程中的变形及破坏情况，听到断裂声后马上关机即可，并记录扭断时的最大扭矩 T_b 和转角 φ。

注意事项：

（1）要在停机状态下，拨动"快、慢挡变速开关"进行变速。

（2）施加扭矩后，禁止转动量程选择手轮。

七、数据处理

（1）计算低碳钢的剪切屈服极限：$\tau_s = \dfrac{3}{4} \cdot \dfrac{T_s}{W_p}$

强度极限：$\qquad\qquad\qquad\qquad \tau_b = \dfrac{3}{4} \cdot \dfrac{T_b}{W_p}$

（2）铸铁的强度极限：$\qquad\qquad \tau_b = \dfrac{T_b}{W_p}$

式中，$W_p = \dfrac{\pi}{16} d^3$ 是试件的抗扭截面模量。

（3）低碳钢计算公式中 3/4 系数的由来。

假定材料进入屈服后，截面上各点的剪应力同时达到极限，则

$$T_s = \int_0^R \tau_s \cdot 2\pi\rho d\rho \cdot \rho = \tau_s \cdot 2\pi \int_0^R \rho^2 d = \tau_s \cdot 2\pi \cdot \frac{R^3}{3} = \tau_s \cdot 2\pi \cdot \frac{(d/2)^3}{3} = \frac{4}{3}\tau_s W_p$$

故 $\qquad\qquad\qquad\qquad\qquad \tau_s = \dfrac{3T_s}{4W_p}$

对于铸铁，因其在断裂前仍然遵循应力直线分布关系，故

$$\tau_b = \frac{T_b}{W_p}$$

八、断口分析

试件受扭，材料处于纯剪切应力状态，如图 3-9（a）所示，在试件表面取单元体，其主应力方向分别与试件轴线成 ±45°，作用在 ±45° 的螺旋面上的主应力大小分别为 $\sigma_1 = \tau$ 和 $\sigma_3 = \tau$。低碳钢试件由于抗拉压能力均强于抗剪能力，故在两个主应力方向上不会破坏只能剪坏，因此出现与试件轴线垂直的平面断口。由于铸铁的抗压抗剪能力均强于抗拉能力，故在垂直于试件轴线平面，不能剪断在 -45° 的螺旋面上，也不能压坏，只能在 45° 的螺旋面拉坏，因此铸铁试件的断口出现在 +45° 的螺旋面上。

九、思考题

1. 低碳钢和铸铁的扭转破坏有什么不同？根据断口形式分析其破坏原因。

2. 分析比较塑性材料和脆性材料在拉伸、压缩及扭转时的变形情况和破坏特点，并归纳这两种材料的机械性能。

3. 理论上计算低碳钢的屈服点和抗扭强度时，为什么公式中有 3/4 的系数？

4. 分析低碳钢拉伸曲线与扭转曲线的相似处和异同点。

§3-4　材料切变模量 G 的测定

实验（一）　用百分表扭角仪法测定切变模量 G

一、实验目的

在比例极限内验证扭转时的剪切虎克定律，并测定材料的切变模量 G。

二、仪器设备

（1）多功能组合试验台。
（2）百分表。

三、试件

空心圆管：材料为不锈钢，内径 $d = 39.90$ mm，外径 $D = 47.30$ mm，长度 $L = 420$ mm。

四、预习要求

阅读第二章中多功能组合试验台工作原理、使用方法以及百分表的工作原理。

五、实验原理与方法

试验装置如图 3-13 所示，试件的一端安装在圆管固定支座上，并用螺栓拧紧，该端固定不动，称为固定端，另一端安装一水平横杆 AC 和滚珠轴承支座，该端可以转动，称为可动端，并在 C 点装一百分表，用于测量 C 点的位移，其试验装置简图见图 3-14。在 A 点通

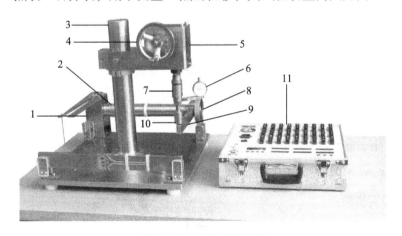

图 3-13　扭转试验装置

1—圆管固定支座；2—空心圆管试件；3—固定立柱；4—加载手轮；5—旋转臂；6—百分表；
7—拉压力传感器；8—轴承支座；9—扭转力臂；10—压头；11—应变仪

过加载手轮加载，这时 A 点便受到一个集中力 ΔF 的作用。根据力的平移定理，我们可以把集中力 ΔF 平移到圆管的 B 点上，这时在端部 B 点中心就受到三种力的作用：一个是集中力 ΔF，另一个是平移后产生的附加力偶 $\Delta T = \Delta F \times a$，还有一个是轴承支座对圆管产生的一个向上支座反力 F_B。由于 ΔF 和 F_B 是一对作用力和反作用力，它们大小相等，方向相反，并相互抵消，并不对圆管产生任何作用，这时圆管 B 点端部仅仅受到附加力偶 ΔT 的纯扭转作用，可动端在轴承支座里只能产生绕空心圆管轴线方向的转动。当 A 点受到荷载 ΔF 作用时，圆管各横截面便产生相对转动，此时横杆 AC 绕着 B 点的中心转动，其转动示意图如图 3–15 所示。未加荷载前，AC 杆为一水平实线，加了荷载后，AC 转到 $A'C'$ 为一虚线，A 点转到 A'，C 点转到 C'，$C'C$ 的位移 ΔC 通过百分表（或千分表）测定，由于 C 点转动角很小，C 点的位移 $\overline{\Delta C}$ 约等于 C 点的弧长，这样便可以根据弧长公式 $\Delta C = \Delta\varphi \times b$ 来计算出试件可动端的相对转角大小 $\Delta\varphi$。

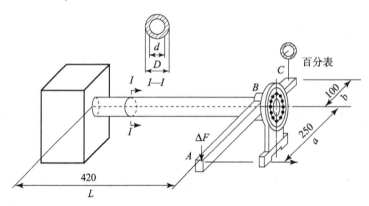

图 3–14 扭转试验装置简图

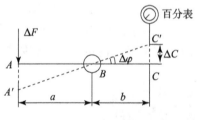

图 3–15 圆管转动示意图

根据扭转变形公式：

$$\Delta\varphi = \frac{\Delta TL}{GI_p}$$

式中，$\Delta\varphi = \dfrac{\overline{\Delta C}}{b}$；$\Delta T = \Delta F \times a$；$I_p = \dfrac{\pi}{32}\ (D^4 - d^4)$。

可计算出切变模量：

$$G = \frac{\Delta TL}{\Delta\varphi I_p}$$

试验采用逐级等量加载法，由于各级荷载增量相等，故试件产生的相对转角增量 $\Delta\varphi$ 也相等，相应于每级加载后的读数增量 ΔC 也应基本相等，如果这样，便验证了剪切虎克定律——施加相同的扭矩 ΔT，便产生相同的转角 $\Delta\varphi$。根据试验中测得的 $\overline{\Delta C}$，便可以计算出

$\Delta\varphi$，从而求出切变模量 G。

六、操作步骤

（1）荷载清零。打开应变仪电源，看看压头是否压住了扭转力臂的加力点，如果压住了，说明试件已经受力。这时逆时针转动加载手轮将荷载卸除（卸除的标志是压头离开加力点，只要离开一点点就行）。如果压头离开了加力点，说明试件没有受力，这时"力值显示窗口"显示的数值理应为"0"，如果不为"0"，按"清零"键将其显示为"0"。

（2）旋转百分表外壳，使大指针指到"0"。

（3）顺时针转动加载手轮加载，分四级加载，每级加载 200 N，一直加到 800 N（即 200 N→400 N→600 N→800 N）。每加一级荷载后，读取百分表的读数并记录。为了保证试验数据的可靠性，须重复进行三次试验，取一组线性较好的（也就是读数差基本相等的）数据进行计算。

注意事项：

（1）切勿超载，所加荷载最大不要超过 900 N，否则将损坏试件。

（2）保护好百分表，防止其脱落摔坏。

（3）加载前一定要注意力值真正清零，不然压头压住了加载点，试件已经受力，这时按"清零"键清零，这是表面清零，实际试件已经受力，如果在此基础上加载，假如原先试件已经受力较大，这是很危险的，很容易把试件损坏，因此在清零前一定要看一看压头是否压住了加载点。

七、预习思考题

1. 试件在可动端为什么要加装滚珠轴承支座？

2. 在试验中是怎样验证剪切胡克定律的？怎样测定和计算 G?

实验（二）　电测法测定切变模量 G

一、实验目的

用应变电测法测定材料的切变弹性模量 G。

二、仪器设备

（1）多功能组合试验台。

（2）静态电阻应变仪。

三、实验原理和方法

在剪切比例极限内，切应力与切应变（γ）成正比，这就是材料的剪切胡克定律，其表达式为

$$\tau = G\gamma$$

式中，比例常数 G 即为材料的切变模量。由上式得

$$G = \frac{\tau}{\gamma}$$

式中的 τ 和 γ 均可由试验测定，其方法如下：

（1） τ 的测定：如图 3-13 所示装置，试件贴应变片处是空心圆管，横截面上的内力如图 3-16（a）所示。试件贴片处的切应力为

$$\tau = \frac{T}{W_t}$$

式中，W_t 为圆管的抗扭截面系数。

（2） γ 的测定：在圆管表面与轴线成 $\pm 45°$ 方向处各贴一枚规格相同的应变片（图 3-16（a）），组成图 3-16（b）所示的半桥接到电阻应变仪上，从应变仪上读出应变值 ε_γ。由电测原理可知（见第二章 2-4 节），读数应变应当是 $45°$ 方向线应变的两倍，即

$$\varepsilon_\gamma = 2\varepsilon_{45°}$$

另一方面，圆轴表面上任一点为纯剪切应力状态（图 3-16（c））。根据广义胡克定律有

$$\varepsilon_{45°} = \frac{1}{E}\ (\sigma_1 - \mu\sigma_3)$$

$$= \frac{1}{E}[\tau - \mu\ (-\tau)]$$

$$= \frac{1+\mu}{E}\tau = \frac{\tau}{2G} = \frac{\gamma}{2}$$

即

$$\gamma = 2\varepsilon_{45°}$$

$$\gamma = \varepsilon_\gamma$$

$$G = \frac{\tau}{\gamma} = \frac{T}{W_t \varepsilon_\gamma}$$

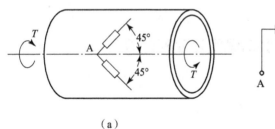 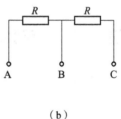 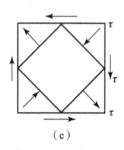

（a）　　　　　　　　　　　　　（b）　　　　　　　　（c）

图 3-16　电测法示意图

（a）横截面上内力；（b）半桥；（c）纯剪切应力状态

试验采用等量逐级加载法：设各级扭矩增量为 ΔT_i，应变仪读数增量为 $\Delta\varepsilon_{\gamma i}$，从每一级加载中，可求得切变模量为

$$G_i = \frac{\Delta T_i}{W_t \varepsilon_{\gamma i}}$$

同样采用端直法，材料的切变模量是以上 G_i 的算术平均值，即

$$G = \frac{1}{n}\sum_{i=1}^{n} G_i$$

四、操作步骤

（1）测量并记录有关尺寸。

（2）组桥接线。

（3）加载分四级进行，每级加载 200 N（200 N→400 N→600 N→800 N），分别记录每级载荷下的应变值。

注意事项：

（1）切勿超载，所加荷载最大不能超过 900 N，否则将损坏试件。

（2）测试过程中，不要震动仪器、设备和导线，否则将影响测试结果，造成较大的误差。

（3）爱护好贴在试件上的电阻应变片和导线，不要用手指或其他工具破坏电阻应变片的防潮层，造成应变片损坏。

五、数据处理

从三组数据中，选择较好的一组，按记录数据求出切变模量 G_i，即

$$G_i = \frac{\Delta T_i}{W_t \Delta \varepsilon_{\gamma i}}$$

材料的切变模量为 G，即

$$G = \frac{1}{n} \sum_{i=1}^{n} G_i$$

§3-5　梁的弯曲正应力试验

一、实验目的

（1）测定矩形截面梁在纯弯曲时横截面上正应力的大小及其分布规律，并与理论计算结果进行比较，以验证纯弯曲正应力公式 $\sigma = \dfrac{My}{I_z}$ 的正确性。

（2）学习电测法，掌握有关仪器的使用方法。

二、仪器设备

（1）静态电阻应变仪。

（2）多功能组合试验台。

三、预习要求

（1）预习本节实验内容和材料力学的相关内容。

（2）阅读第二章电测法的基本原理和电阻应变仪。

四、实验原理与方法

试验装置见图 3-17，它由固定立柱、加载手轮、旋转臂、荷载传感器、压头、分力

梁、弯曲梁、简支支座、底板、应变仪等部分组成。弯曲梁为矩形截面钢梁，其弹性模量 $E = 2.05 \times 10^5$ MPa，几何尺寸见图 3-18，CD 段为纯弯曲段，梁上各点为单向应力状态，在正应力不超过比例极限时，只要测出各点的轴向应变 $\varepsilon_{\text{实}}$，便可按 $\sigma_{\text{实}} = E\varepsilon_{\text{实}}$ 计算正应力。为此在梁的 CD 段某一中间截面上，沿高度方向从上而下贴有五枚电阻应变片，其中 1 号片位于梁的顶部，2 号片位于梁的上半部分的中间，3 号片位于中性层上，4 号片位于梁的下半部分的中间，5 号片位于梁的底部，这样就形成了 1、5 点是一对称点，2、4 点也是一对称点，它们的绝对值相等，符号相反，3 号点在中性层，理论上该点的值为零（图 3-18）。

图 3-17　弯曲正应力试验装置

1—固定立柱；2—加载手轮；3—旋转臂；4—简支支座；5—弯曲梁；
6—分力梁；7—底板；8—压头；9—荷载传感器；10—应变仪

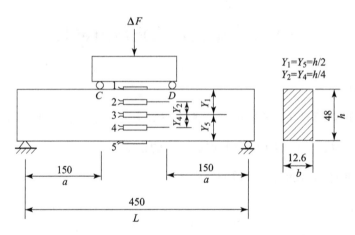

图 3-18　梁的尺寸、测点布置及加载示意图

温度补偿片贴在一块与试件相同的材料上，试验时放在被测试件的附近。为了便于检验测量结果的线性度，试验时采用等量逐级缓慢加载方法，即每次增加等量的荷载 ΔF，测出每级荷载下各点的应变增量 $\Delta \varepsilon$，然后取应变增量的平均值 $\overline{\Delta \varepsilon_{\text{实}}}$，依次求出各点应力增量 $\Delta \sigma_{\text{实}} = E_{\text{实}} \overline{\Delta \varepsilon_{\text{实}}}$。

试验采用 1/4 桥接法、公共外补偿，即工作片与不受力的温度补偿片分别接到应变仪的 A、B 和 B、C 接线柱上，如图 3-19 所示，其中 R_1 为工作片，R_2 为温度补偿片。对于多个不同的工作片，用同一个温度补偿片进行温度补偿，这种方法叫作"多点公共外补偿法"。

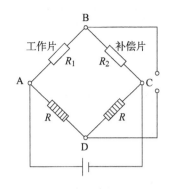

图 3 – 19 半桥接线图

也可采用半桥自补偿测试，即把应变绝对值相等而符号相反的两个工作片接到 A、B 和 B、C 接线柱上进行测试，但要注意，此时 $\varepsilon_{实} = \varepsilon_{仪}/2$，$\varepsilon_{仪}$ 为应变仪所测的读数。

五、操作步骤

（1）力值清零：打开应变仪电源，预热 20 min，看看压头是否压紧了分力梁，如果压紧了分力梁，说明试件已经受力。这时逆时针转动加载手轮将荷载卸除（卸除的标志是压头离开分力梁加载点，只要离开一点点，有点缝隙就行）。如果试件没有受力，"力值显示窗口"显示的数值理应为"0"，如果不为"0"，按"清零"键将其显示为"0"。

（2）桥臂电阻值选择和应变片灵敏系数 K 值设定：根据应变片桥臂电阻值和灵敏系数 K 值大小，在面板上进行相应的选择和设定。

（3）接线：采用 1/4 桥路的接线方法，首先看清各测点应变片的引线颜色，将工作片的两根引出线按序号 1、2、3、4、5 分别接到应变仪的对应通道的 CH1、CH2、CH3、CH4、CH5 的 A、B 接线端子上，温度补偿片接到"补偿"的 BC 接线端子上并拧紧。最后检查一下所接各测点的 B、B1 短路片是否短接，螺钉是否拧紧。

（4）应变清零：按"自动平衡"键对所接的各测点进行"清零"，"应变窗口"前两位显示通道号（即测点号），后面的数值显示应变值。如果应变值不为"0"，再按一下"自动平衡"键直至五个测点的初始应变在未加荷载之前均显示为"0"或"±1"也行。没有接入应变片的通道或接线不正常则显示"……"。

（5）加载：分四级进行（500 N→1 000 N→1 500 N→2 000 N），顺时针转动加载手轮，对梁施加荷载。注意观察测力仪读数，每级荷载 $\Delta F = 500$ N，并分别记录每级荷载作用下各点的应变值（注意数字前的符号，有"–"者为压应变，无"–"号者为拉应变）。

（6）测试完毕，将荷载卸去，关闭电源。拆线、整理所用仪器、设备，清理现场，整理实验数据，算出读数差或增量。记录仪器设备的名称、型号、量具的名称、型号、精度等原始实验数据，原始实验数据须经指导教师检查签字。

注意事项：

（1）切勿超载，所加荷载一般不要超过 4 000 N，最大不能超过 7 000 N，否则损坏拉压力传感器。

（2）测试过程中，不要震动仪器、设备和导线，否则将影响测试结果，造成较大的误差。

（3）注意爱护好贴在试件上的电阻应变片和导线，不要用手指或其他工具破坏电阻应变片的防潮层，造成应变片损坏。

六、数据处理

（1）计算各点应力增量的实验值：$\Delta\sigma_i = E \cdot \overline{\Delta\varepsilon_i}$。

（2）计算各点应力增量的理论值：$\Delta\sigma_i = \dfrac{\Delta M \cdot y_i}{I_z}$；$\Delta M = \dfrac{1}{2}\Delta F \cdot a$。

（3）计算误差。

误差按相对误差 $\delta = \left| \dfrac{\Delta\sigma_{理} - \Delta\sigma_{实}}{\Delta\sigma_{理}} \right| \times 100\%$ 计算。

按同一比例分别画出各点正应力的实验值和理论值沿横截面高度的应力分布直线（实线代表理论值，虚线代表实验值），将两者加以比较，并分析误差的主要原因，从而验证理论公式。

七、思考题

1. 影响试验结果的主要因素是什么？

2. 弯曲正应力的大小是否会受材料弹性系数 E 的影响？

3. 尺寸完全相同的两种材料，如果距中性层等远处纤维的伸长量对应相等，问二梁相应截面的应力是否相同，所加载荷是否相同？

第四章　选择性实验

§4-1　电阻应变片的粘贴

一、实验目的

(1) 初步掌握应变片的粘贴、接线和检查等技术。

(2) 认识粘贴质量对测试结果的影响。

二、实验要求

(1) 每人一根悬臂梁、一块补偿块和两片应变片。在悬臂梁上（沿其轴线方向）和补偿块上各贴一枚应变片（图4-1）。

(2) 用自己所贴的应变片进行规定内容的测试。

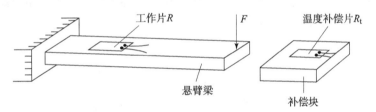

图4-1　应变片粘贴位置

三、应变片粘贴工艺

(1) 筛选应变片：应变片的外观应无局部破损，丝栅或箔栅无锈蚀斑痕。用数字万用表逐片检查阻值，同一批应变片的阻值相差不应超过出厂规定的范围。

(2) 处理试件表面：在贴片处处理出不小于应变片基底面积三倍的区域。处理的方法是：用细砂纸打磨出与应变片轴线成45°的交叉纹（有必要时，先刮漆层，去除油污，用细砂纸打磨锈斑）；用钢针画出贴片定位线；用蘸有丙酮的脱脂棉球擦洗干净，直至棉球洁白为止；之后用电吹风将其吹干。

(3) 粘贴应变片：用手指捏住应变片的引出线，一手拿502胶瓶，在应变片底面或测点位置上涂一层薄薄的黏结剂，并立即将应变片放置于试件上（切勿放反），且使应变片基准线对准定位线。用一小片聚四氟乙烯薄膜盖在应变片上，用手指沿应变片轴线朝一个方向滚压，以挤出多余的黏结剂和气泡。注意此过程要避免应变片滑移或转动。保持1~2 min后，由应变片的无引线一端向有引线一端，沿着与试件表面平行方向轻轻揭去聚四氟乙烯薄膜。用镊子将引出线与试件轻轻脱开，检查应变片是否为通路。

（4）焊线：应变片与应变仪之间，需要用导线（视测量环境选用不同的导线）连接。用胶带纸或其他方法把导线固定在试件上。应变片的引出线与导线之间，通过粘贴在试件上的接线端子片连接（图4-2）。连接的方法是用电烙铁焊接，焊接要准确迅速，防止虚焊。

（5）检查与防护：用数字万用表检查各应变片的电阻值，检查应变片与试件间的绝缘电阻。如果检查无问题，应变片要做较长时间的保留，做好防潮与保护措施。

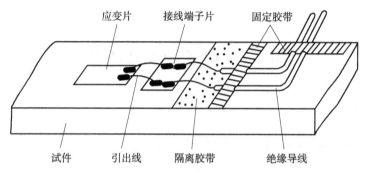

图4-2 应变片焊线

四、操作步骤

（1）按应变片粘贴工艺完成贴片工作。

（2）按图4-3所示的形式接成半桥，观察是否有零漂现象。（零漂现象是指应变仪在未加载荷之前调零，无法稳定在零位。）

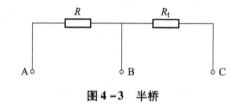

图4-3 半桥

（3）悬臂梁加上一定载荷，记录应变仪读数，观察是否有漂移现象。

（4）在悬臂梁的弹性范围内，等量逐级加载，观察应变仪的读数增量。

（5）把工作片 R 和温度补偿片 R_t 在电桥中的位置互换，在相同载荷作用下，观察应变仪的读数区别。

（6）按图4-3所示的形式接成半桥，不加载荷，用白炽灯近距离照射试件上的工作片，或用手轻轻握住工作片或温度补偿片，观察应变仪读数。

五、思考题

1. 在温度补偿法电测中，对补偿块和补偿片的要求是什么？

2. 按图4-3将所贴应变片接入应变仪后，是否出现：

①电桥无法平衡的现象？

②应变仪读数产生漂移的现象？

产生以上两种现象的原因可能是什么？

§4-2 电阻应变片的接桥方法

一、实验目的

进一步熟悉电阻应变片的半桥、全桥自补偿和零补偿的连接方法，学会运用不同的接桥方法以达到不同的测量目的。

二、仪器设备

(1) 静态电阻应变仪一台。

(2) 等强度梁和弯扭组合变形试验装置各一套。

等强度梁为一端固定、另一端自由的变截面悬臂梁，其任何截面上的正应力均相等。该装置的受力情况及应变片粘贴方位见图4-4。当在悬臂端的砝码盘上加上砝码后，等强度梁的上表面的应变片 R_A 和 R_B 产生的应变值为 $\varepsilon_弯 + \varepsilon_t$，下表面的应变片 R'_A 和 R'_B 产生的应变值为 $-\varepsilon_弯 + \varepsilon_t$。

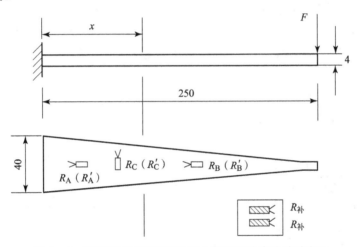

图4-4 等强度梁试验装置的受力简图及应变片粘贴方位

弯扭组合变形试验装置的受力情况及应变片的粘贴方位见图4-7和图4-8，图4-8中 A、C 两点在弯扭组合变形的情况下各应变片感受的应变如下：

测点 A：

$$\varepsilon_A = \varepsilon_弯 + \varepsilon_扭 + \varepsilon_t, \quad \varepsilon_B = \varepsilon_弯 + \varepsilon_t, \quad \varepsilon_C = \varepsilon'_弯 - \varepsilon_扭 + \varepsilon_t$$

测点 C：

$$\varepsilon'_A = -\varepsilon'_弯 - \varepsilon_扭 + \varepsilon_t, \quad \varepsilon'_B = -\varepsilon_弯 + \varepsilon_t, \quad \varepsilon'_C = -\varepsilon'_弯 + \varepsilon_扭 + \varepsilon_t$$

三、实验原理

由电测法的基本原理一节已知，应变仪读数与测量桥所测应变之间存在下列关系：

$$\varepsilon_r = \varepsilon_{AB} - \varepsilon_{BC} + \varepsilon_{CD} - \varepsilon_{DA}$$

由上式可见，若将应变值各自独立、互不相关的四个测点的电阻应变片分别接入测量桥的四个桥臂，则电阻应变仪的读数只是这四个测点应变值的和差结果，无法从中分离出任一点的应变值，因此，往往采用半桥零补偿接法分别测量各点应变值。但若某些测点的应变值之间有确定的数量关系，就可以利用电桥的加减特性，将它们组成适当的桥路，一方面可以提高测量精度，另一方面还可以将组合变形进行分解，消除某些不需要测出的应变，而测取单一基本变形时相应的应变。例如，在进行等强度梁的试验时，若采用下面的接桥方法：

（a）半桥另补偿（半桥外补偿）：

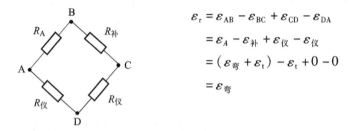

$$\varepsilon_r = \varepsilon_{AB} - \varepsilon_{BC} + \varepsilon_{CD} - \varepsilon_{DA}$$
$$= \varepsilon_A - \varepsilon_{补} + \varepsilon_{仪} - \varepsilon_{仪}$$
$$= (\varepsilon_{弯} + \varepsilon_t) - \varepsilon_t + 0 - 0$$
$$= \varepsilon_{弯}$$

（b）半桥自补偿：

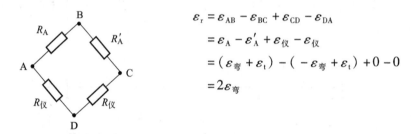

$$\varepsilon_r = \varepsilon_{AB} - \varepsilon_{BC} + \varepsilon_{CD} - \varepsilon_{DA}$$
$$= \varepsilon_A - \varepsilon'_A + \varepsilon_{仪} - \varepsilon_{仪}$$
$$= (\varepsilon_{弯} + \varepsilon_t) - (-\varepsilon_{弯} + \varepsilon_t) + 0 - 0$$
$$= 2\varepsilon_{弯}$$

（c）全桥自补偿：

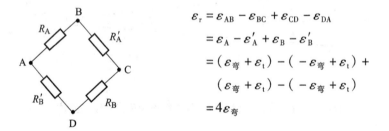

$$\varepsilon_r = \varepsilon_{AB} - \varepsilon_{BC} + \varepsilon_{CD} - \varepsilon_{DA}$$
$$= \varepsilon_A - \varepsilon'_A + \varepsilon_B - \varepsilon'_B$$
$$= (\varepsilon_{弯} + \varepsilon_t) - (-\varepsilon_{弯} + \varepsilon_t) +$$
$$(\varepsilon_{弯} + \varepsilon_t) - (-\varepsilon_{弯} + \varepsilon_t)$$
$$= 4\varepsilon_{弯}$$

可见，接法（b）将弯曲应变放大到两倍显示，接法（c）则将弯曲应变放大到四倍显示，故提高了测量精度。

在进行弯扭组合变形试验时，若采用下面的接桥方法：

（d）半桥自补偿：

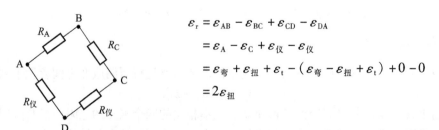

$$\varepsilon_r = \varepsilon_{AB} - \varepsilon_{BC} + \varepsilon_{CD} - \varepsilon_{DA}$$
$$= \varepsilon_A - \varepsilon_C + \varepsilon_{仪} - \varepsilon_{仪}$$
$$= \varepsilon_{弯} + \varepsilon_{扭} + \varepsilon_t - (\varepsilon_{弯} - \varepsilon_{扭} + \varepsilon_t) + 0 - 0$$
$$= 2\varepsilon_{扭}$$

（e）半桥自补偿：

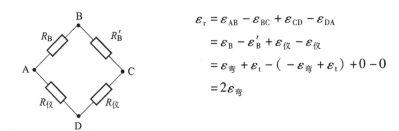

$$\varepsilon_r = \varepsilon_{AB} - \varepsilon_{BC} + \varepsilon_{CD} - \varepsilon_{DA}$$
$$= \varepsilon_B - \varepsilon_B' + \varepsilon_{仪} - \varepsilon_{仪}$$
$$= \varepsilon_{弯} + \varepsilon_t - (-\varepsilon_{弯} + \varepsilon_t) + 0 - 0$$
$$= 2\varepsilon_{弯}$$

很明显，在同样的受力情况下，采用不同的桥路连接，不仅可以提高测量精度，而且还可以将组合变形进行分解，分别测取单一基本变形时相应的应变值，即在弯扭组合变形下，可以达到消除由弯矩产生的应变而只测取扭矩产生的应变或消除由扭矩引起的应变只测取弯矩产生的应变（即测"扭"消"弯"或测"弯"消"扭"）。

在实际应用中，我们就可以利用电桥的这种加减特性，消除某些应变分量，从而分离出我们需要测定的应变，然后根据广义胡克定律求得组合变形时某一内力分量产生的应力。

§4-3 拉伸时材料弹性模量 E 和泊松比 μ 的测定

一、实验目的

在比例极限内验证虎克定律，并测定材料的弹性模量 E 和泊松比 μ。

二、仪器设备

（1）多功能组合试验台。
（2）静态电阻应变仪。
（3）游标卡尺。

三、试件

矩形长方体扁试件，材料为不锈钢，试件横截面尺寸：$h = 32$ mm，$b = 2.7$ mm。

四、预习要求

（1）预习本节实验内容和材料力学的相关内容。
（2）阅读第二章电测法的基本原理和电阻应变仪。

五、实验原理与方法

本试验在多功能组合试验台上进行，试验装置如图4-5所示，应变片布置和加载示意图如图4-6所示。

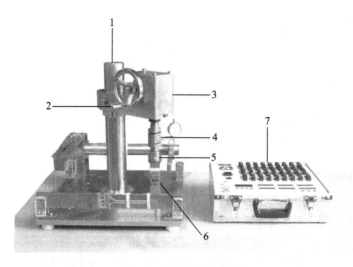

图4-5 拉伸试验装置

1—固定立柱；2—加载手轮；3—旋转臂；4—拉压力传感器；5—拉伸接头；6—拉伸试件；7—应变仪

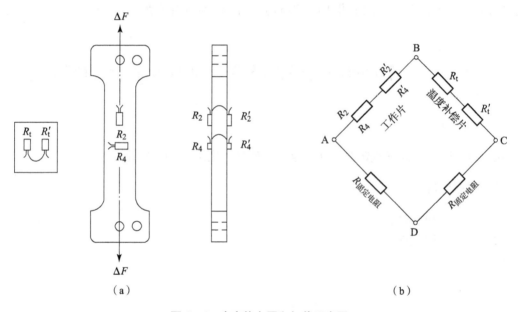

图4-6 应变片布置和加载示意图

（a）E 和 μ 测定示意图；（b）测点接线示意图

1. 应变片布点

在试件的正、反两面的对称位置上粘贴纵向和横向应变片，并把纵向应变片和纵向应变片进行串接，横向应变片与横向应变片进行串接，在另一个不锈钢的小铁块上粘贴两片应变片并进行串接作为温度补偿片。试验时，纵向应变片、横向应变片和温度补偿片在静态电阻应变仪上组成1/4桥路的公共外补偿接法。

2. 实验原理

试样下端用插销和下拉头相连接，上端通过插销和上拉头相连接。逆时针转动加载手轮，这时上拉头向上移动，对试件施加拉力。试件受力时，便在纵向产生伸长、横向产生缩短，用应变仪测取纵向应变 $\varepsilon_纵$ 和横向应变 $\varepsilon_横$，试件横截面面积为 A，根据应力公式 $\Delta\sigma = \dfrac{\Delta F}{A} = \Delta\varepsilon_纵 E$ 和泊松比的计算式，便可以计算出材料的弹性模量 E 和泊松比 μ。

$$E = \frac{\sigma}{\varepsilon} = \frac{\Delta F}{A \cdot \Delta\varepsilon_纵}; \quad \mu = \left|\frac{\Delta\varepsilon_横}{\Delta\varepsilon_纵}\right|$$

因为试验采用增量法，分级加载，每次增加相同的拉力 ΔF，相应地由应变仪测出的纵向应变增量 $\Delta\varepsilon_纵$ 也应大致相等，如果这样，便验证了虎克定律。

六、操作步骤

（1）荷载清零：打开应变仪电源，轻轻摇晃拉伸试件，看看拉头是否拉紧了或压紧了，如果拉紧了或压紧了，说明试件已经受力。这时顺时针或逆时针转动加载手轮将荷载卸除（卸除的感觉是试件松动，只要有一点松动就行）。如果试件松动，说明试件没有受力，这时"力值显示窗口"显示的数值理应为"0"，如果不为"0"，则按"清零"键使其显示为"0"。

（2）桥臂电阻值选择和应变片灵敏系数 K 值设定：根据应变片桥臂电阻值和灵敏系数 K 值大小，在面板上进行相应的选择和设定。

（3）接线：采用1/4桥路的接线方法，首先看清各测点应变片的引出线颜色，将试件上的纵向应变片和横向应变片的两根引出线作为工作片分别接入应变仪的 CH1 和 CH2 的 A、B 接线端子上并拧紧，温度补偿片接入补偿接线端子并拧紧，最后检查一下所接各测点的 B、B1 短路片是否短接，螺钉是否拧紧，桥路搭接线是否接入"1/4桥"。

（4）应变清零：按"自动平衡"键对所接的各测点进行"清零"。"应变窗口"前两位显示通道号（即测点号），后面的数值显示应变值。如果应变值不为"0"，重复按"自动平衡"键直到两个测点的初始应变在未加荷载之前均显示为"0"或"±1"也行。没有接入应变片的通道或接线不正常则显示"........."。

（5）加载：逆时针转动加载手轮，对试件旋加拉力，分四级加载，每级加载500 N，即：500 N→1 000 N→1 500 N→2 000 N。

（6）记录：分别记录每级荷载作用下的纵向应变和横向应变值，并将其记录表格中（注意正负号：数字前有"－"号者为压应变，无"－"号者为拉应变），纵向为拉应变、横向为压应变。

（7）测试完毕，将荷载卸去，关闭电源。拆线、整理仪器、设备，清理现场，将所用仪器设备复原，整理实验数据，算出读数差或增量，记录仪器设备的名称和型号、量具的名称和型号等原始实验数据，原始实验数据须经指导教师检查签字。

注意事项：

（1）切勿超载，所加荷载最大不得超过4 000 N，否则将损坏试件。

（2）测试过程中，不要震动仪器、设备和导线，否则将影响测试结果，造成较大的误差。

七、预习思考题

1. 为何要在试件正反两面的对称位置上粘贴应变片，并进行相应的串接测量，能否只贴一面进行应变测量？

2. 为何要用等量加载法进行实验？用等量加载法求出的弹性模量与一次加载到终值所求出的弹性模量是否相同？

3. 实验中是怎样验证虎克定律的？怎样测定并计算 E 和 μ？

§4-4 弯扭组合变形主应力的测定

一、实验目的

（1）测定平面应力状态下主应力的大小和方向，并与理论值进行比较。
（2）测定薄壁圆管所受的弯矩和扭矩。
（3）掌握电阻应变花的使用。

二、仪器设备

（1）静态电阻应变仪；
（2）多功能组合试验台。

三、试验装置

试验装置如图4-7所示，它由圆管固定支座1、空心圆管2、固定立柱3、加载手轮4、载荷传感器5、压头6、加力杆7、应变仪8等组成。试验时顺时针转动加载手轮，这时传感器和压头便向下移动。当压头压着加力杆自由端 A 点时，传感器受力。传感器把感受信号输入测力仪，力值显示窗口显示出作用在加力杆 A 点处的荷载值，作用力 ΔF 平移到圆管 B 点上，便可分解成两个力：一个集中力 ΔF 和一个力偶矩 $T = \Delta Fa$。这时，空心圆管不仅受到扭矩的作用，同时还受到弯矩的作用，产生弯扭组合变形。空心圆管材料为不锈钢，外径 $D = 47.30$ mm，内径 $d = 39.90$ mm，$E = 2.05 \times 10^5$ MPa，$\mu = 0.28$，其受力简图和有关尺寸如图4-8所示。$I—I$ 截面为被测试截面，取图示 A、C 两个测点，在每个测点上各贴一枚应变花。

图4-7 弯扭组合变形试验装置
1—固定支座；2—空心圆管；3—固定立柱；4—加载手轮；
5—载荷传感器；6—压头；7—加力杆；8—应变仪

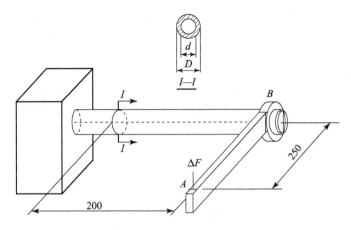

图 4 - 8　受力简图及几何尺寸

四、试验原理和方法

由截面法可知，$I—I$ 截面上的内力有弯矩、剪力和扭矩，A、C 点均处于平面应力状态。用电测法测试时，按其主应力方向已知和未知的情况，分别采用不同的布片形式。

1. 主应力方向已知

主应力的方向就是主应变方向，只要沿两个主应力方向各贴一个电阻片，便可测出该点的两个主应变 ε_1 和 ε_3，进而由广义虎克定律计算出主应力 σ_1 和 σ_3：

$$\sigma_1 = \frac{E}{1-\mu^2}(\varepsilon_1 + \mu\varepsilon_3),\ \sigma_3 = \frac{E}{1-\mu^2}(\varepsilon_3 + \mu\varepsilon_1)$$

2. 主应力方向未知

由于主应力方向未知，故主应变方向也未知。由材料力学中应变分析可知，某一点的三个应变分量 ε_x、ε_y 和 γ_{xy}，可由任意三个方向的正应变 ε_θ、ε_α 和 ε_φ 确定。若取 $\theta = -45°$、$\alpha = 0°$、$\varphi = 45°$，可求出主应力大小和方向。

在主应力方向未知时，常采用应变花进行应力测量。应变花是一个基底上沿不同方向粘贴几个电阻片的传感元件。常用的应变花有 45°、60°、90° 等。在测点处的主应力方向不明时，可采用 60° 应变花，确定测点处主应力的大小和方向；如果测点处主应力方向大致明确，则多采用 45° 应变花；如果主应力方向均为已知，可采用 90° 应变花。采用应变花的优点是可以简化贴片工序，减少工作量，减小误差，便于分析计算等。

本试验采用的是 45° 应变花，在 A、C 两点各贴一枚应变花。用 45° 应变花可测出 $\varepsilon_{-45°}$、ε_0 和 $\varepsilon_{45°}$，由此可求出：

$$\varepsilon_1 = \frac{\varepsilon_{-45°} + \varepsilon_{45°}}{2} + \sqrt{\frac{1}{2}[(\varepsilon_{-45°} - \varepsilon_0)^2 + (\varepsilon_0 - \varepsilon_{45°})^2]}$$

$$\varepsilon_3 = \frac{\varepsilon_{-45°} + \varepsilon_{45°}}{2} - \sqrt{\frac{1}{2}[(\varepsilon_{-45°} - \varepsilon_0)^2 + (\varepsilon_0 - \varepsilon_{45°})^2]}$$

$$\alpha = \frac{1}{2}\arctan\frac{\varepsilon_{45°} - \varepsilon_{-45°}}{2\varepsilon_0 - \varepsilon_{45°} - \varepsilon_{-45°}}$$

由上式解出相差 $\frac{\pi}{2}$ 的两个 α_0，确定两个相互垂直的主方向。利用应变圆可知，若 ε_x 的

代数值大于 ε_y，则由 x 轴量起，绝对值较小的 α_0 确定主应变 ε_1（对应于 σ_1）的方向。反之，若 $\varepsilon_x < \varepsilon_y$，则由 x 轴量起，绝对值较小的 α_0 确定主应变 ε_3（对应于 σ_3）的方向。

3. 测定弯矩

薄壁圆管虽为弯扭组合变形，但 A、C 两点沿 x 方向的 $0°$ 应变片只有因弯曲引起的拉伸或压缩应变，且两者数值相等、符号相反。因此采用不同的组桥方式测量，即可得到 A、C 两点由弯矩引起的轴向应变 ε_M。由虎克定律得

$$\sigma_M = E\varepsilon_M$$

由截面上最大弯曲应力公式 $\sigma_M = \dfrac{M_w y}{I_z}$，便可得到截面 A—C 的弯矩试验值为

$$M_w = \frac{\sigma_M I_z}{y} = \frac{E\varepsilon_M I_z}{y}$$

4. 测定扭矩

如图 4-9 所示，当空心圆管受纯扭转时，A、C 两点沿 x 轴成 $\pm45°$ 方向的应变片都是沿着主应力方向，且主应力 σ_1 和 σ_3 数值相等、符号相反，即 $\sigma_1 = -\sigma_3$，$\varepsilon_1 = -\varepsilon_3$。这样利用 A、C 两点的应变片，还可以用来测量扭转力矩。因为在弯扭组合作用下，A、C 两点沿轴线成 $\pm45°$ 方向上的应变片，弯矩引起的应变数值相等，符号相同，而扭矩引起的应变数值相等，符号相反。因此，采用不同的组桥方式测量，便可达到测"扭"消"弯"，从而得到 A、C 两点由扭矩引起的主应变 ε_1，由平面应力状态的广义虎克定律得

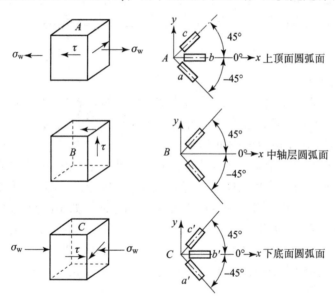

图 4-9 单元体及应变片的布置

$$\sigma_1 = \frac{E}{1-\mu^2}(\varepsilon_1 + \mu\varepsilon_3) = \frac{E}{1-\mu^2}[\varepsilon_1 + \mu(-\varepsilon_1)] = \frac{E\varepsilon_1}{1+\mu}$$

因纯扭转时主应力 σ_1 与剪切应力 τ 相等，又因 $\tau = \dfrac{T\rho}{I_p}$，故有

$$\frac{E\varepsilon_1}{1+\mu} = \frac{T\rho}{I_p}$$

这样便得到截面 A—C 的扭矩实验值为

$$T = \frac{E\varepsilon_1 I_p}{(1+\mu)\rho}$$

五、理论值计算

由图 4-8 可看出，A 点与 C 点单元都承受由 M_w 产生的弯曲正应力 σ_M 和由扭矩 T 产生的剪应力 τ 的作用。B 点单元体处于纯剪切状态，其剪应力由扭矩 T 和剪力 Q 两部分产生。这些应力可根据下列公式计算：

A、C 点：

$$M_w = \Delta F \times c;$$

$$I_z = \frac{\pi}{64}(D^4 - d^4);$$

$$y = \rho = \frac{D}{2};$$

$$\sigma_x = \frac{M_w y}{I_z};$$

$$T = \Delta F \times a;$$

$$I_p = \frac{\pi}{32}(D^4 - d^4);$$

$$\tau_x = \frac{T\rho}{I_p};$$

$$\tau = \frac{QS_{zmax}}{bI_z}2\frac{Q}{A};$$

$$\sigma_1 = \frac{\sigma_x}{2} + \sqrt{\left(\frac{\sigma_x}{2}\right)^2 + \tau_x^2};$$

$$\sigma_3 = \frac{\sigma_x}{2} - \sqrt{\left(\frac{\sigma_x}{2}\right)^2 + \tau_x^2};$$

$$\alpha = \frac{1}{2}\arctan\frac{-2\tau_x}{\sigma_x}。$$

B 点：主应力大小 $\sigma_{1,3} = \pm\tau_x$，方向与 x 轴成 $\pm45°$。

六、操作步骤

（1）测量并记录相关尺寸。

（2）将空心圆管上的应变片按不同测试要求接入静态电阻应变仪，组成不同的测量电桥，并调整好所用的仪器设备。完成以下两项参数的测定：

①主应力大小、方向测定：将 A 点三个方向的应变片按 1/4 桥路接线，并按公共外补偿法进行测量；

②测定弯矩 M_w、扭矩 T，根据实验要求，自行设计组桥方案。

（3）清零：这里的清零，一个是力值清零，另一个是各测点的应变值清零。在未加荷载之前，这两组参数都必须为"零"，如果不为"零"，应将其清到"零"。清零的方法在前面的实验中已详细讲解过，在这里就不再叙述。

（4）加载：分四级进行，每级加载 200 N，一直加到 800 N（200 N→400 N→600 N→800 N），并分别记录每级荷载作用下各点的应变值（注意数字前的符号，有 "－" 号者为压应变，无 "－" 号者为拉应变）。

（5）完成一项测试后，重新组桥测试，重复步骤（3）和（4）。

（6）完成全部实验内容后，卸除载荷，关闭电源，拆线整理所用仪器设备，清理现场，整理实验数据，算出读数差或增量。记录仪器设备的名称、型号，量具的名称、型号、精度等原始实验数据，原始实验数据须经指导教师检查签字。

注意事项：

（1）切勿超载，所加荷载最大不得超过 900 N，否则将损坏试件。

（2）测试过程中，不要震动仪器、设备和导线，否则将影响测试结果，造成较大的误差。

（3）注意爱护好贴在试件上的应变花，不要破坏其防潮层，造成应变花损坏。

七、思考题

测点的应力如果忽略弯曲（或扭转）的影响进行计算，引起测点空心圆管的应力误差如何？

附　　录

实验报告

实验一　拉伸试验

实验日期：　　　　姓名：　　　　专业班级：

一、实验目的

二、仪器设备

1. 试验机名称及型号

2. 量具名称及精度

三、数据记录和处理

1. 碳钢的拉伸

低碳钢试件

项目	试验前	试验后
试件尺寸	标距 $L_0 =$ 直径 $d_0 =$ 截面面积 $A_0 =$	标距 $L_1 =$ 直径 $d_1 =$ 截面面积 $A_1 =$
试件简图		

屈服荷载　$F_s =$　　　　　　最大荷载　$F_b =$

屈服极限　$\sigma_s = \dfrac{F_s}{A_0} =$

强度极限　$\sigma_b = \dfrac{F_b}{A_0} =$

延伸率及断面收缩率的计算

$$\delta = \frac{L_1 - L_0}{L_0} \times 100\% =$$

$$\varphi = \frac{A_0 - A_1}{A_0} \times 100\% =$$

2. 铸铁的拉伸

铸铁试件

项目	试验前	试验后
试件尺寸	标距 $L_0 =$ 直径 $d_0 =$ 截面面积 $A_0 =$	标距 $L_1 =$ 直径 $d_1 =$ 截面面积 $A_1 =$
试件简图		

最大荷载　$F_b =$

强度极限　$\sigma_b = \dfrac{F_b}{A_0} =$

3. 拉伸图及应力 – 应变曲线

四、问题讨论

（1）绘制低碳钢、铸铁断口示意图，并分析破坏原因。

（2）为什么在测力指针调"零"前，要先将其活动平台升起一定高度？

（3）对比低碳钢和铸铁的拉伸性能（包括拉伸曲线、强度、塑性等）。

实验二　压缩试验

实验日期：　　　　　姓名：　　　　　专业班级：

一、实验目的

二、仪器设备

1. 试验机名称及型号

2. 量具名称及精度

三、数据记录及处理

材料	直径 d_0/mm	截面积 A_0/mm^2

最大荷载　　$F_b =$

强度极限　　$\sigma_b = \dfrac{F_b}{A_0} =$

四、问题讨论

（1）绘制铸铁压缩破坏示意图，并分析破坏原因。

（2）铸铁拉、压破坏时断口为何不同？

实验三　扭转试验

实验日期：　　　　　姓名：　　　　　专业班级：

一、实验目的

二、仪器设备

1. 试验机名称及型号

2. 量具名称及精度

三、低碳钢扭转试验

1. 试件尺寸

长度 $L =$ 　　mm

直径 D/mm									最小直径 D_{min}/mm	抗扭截面模量 $W_p = \dfrac{\pi D_{min}^3}{16}$	极惯性矩 $I_p = \dfrac{\pi D_{min}^4}{32}$
横截面 1			横截面 2			横截面 3					
(1)	(2)	平均	(1)	(2)	平均	(1)	(2)	平均			

2. 测试数据处理

屈服扭矩 $T_s/(\text{N}\cdot\text{m})$	屈服极限 $\tau_s = \dfrac{3}{4}\cdot\dfrac{T_s}{W_p}$/MPa	最大扭矩 $T_b/(\text{N}\cdot\text{m})$	强度极限 $\tau_b = \dfrac{3}{4}\cdot\dfrac{T_b}{W_p}$/MPa	最大扭角 $\varphi/(°)$

3. 作 $T-\varphi$ 关系曲线

四、铸铁扭转试验

1. 试件尺寸

直径 d/mm									最小直径 $d_{\min}$/mm	抗扭截面模量 $W_p = \dfrac{\pi d_{\min}^3}{16}$
横截面1			横截面2			横截面3				
(1)	(2)	平均	(1)	(2)	平均	(1)	(2)	平均		

2. 实验结果：

最大扭角 $\varphi =$　　　°，最大扭矩 $T_b =$　　　（N·m）

强度极限 $\tau_b = \dfrac{T_b}{W_p} =$　　　MPa

五、结论及讨论：综合拉伸、压缩、扭转试验的结果，进行比较

（1）力和变形曲线。

材料	拉伸	压缩	扭转

（2）强度。

材料	拉伸	压缩	扭转
低碳钢	$\sigma_s =$ $\sigma_b =$	$\sigma_s =$	$\tau_s =$ $\tau_b =$
铸铁	$\sigma_b =$	$\sigma_b =$	$\tau_b =$

（3）试件断口形式图。

材料	拉伸	压缩	扭转

（4）低碳钢拉伸和扭转的断裂方式是否一样？破坏原因是否相同？

（5）铸铁在压缩破坏和扭转破坏试验中，断口外缘与轴线夹角是否相同？破坏原因是否一样？

实验四　材料切变模量 G 的测定

实验日期：　　　　　姓名：　　　　　专业班级：

一、实验目的

二、仪器设备

（1）设备名称：　　　　　　　　型号：

（2）测试仪表名称：　　　　　　　放大倍数：　$K =$　　　倍
　　测试仪器名称：　　　　　　　精度：　　$\mu\varepsilon$

（3）量具名称：　　　　　　　精度：　　　mm

三、实验记录

1. 试验装置简图

2. 空心圆筒几何尺寸及有关数据

项目	试件长度 L/mm	内径 d/mm	外径 D/mm	扭转力臂 a/mm	扭转角半径 b/mm
数值					

3. 测试记录

加载序号	荷载 F/N	荷载增量 ΔF/N	百分表读数/小格						应变仪读数/ $\mu\varepsilon$	
			第一次		第二次		第三次			
			读数	增量 ΔB	读数	增量 ΔB	读数	增量 ΔB	读数	增量 $\Delta\varepsilon$
1	$F_1 = 200$									
2	$F_2 = 400$	200								
3	$F_3 = 600$									
4	$F_4 = 800$									
增量的平均值 $\overline{\Delta B}$										
扭转角增量 $\Delta\varphi = \dfrac{\overline{\Delta B}}{b \cdot K}$/rad										

四、切模量计算

（1）扭角仪法

$\Delta T = \Delta F \times a =$

$I_\mathrm{p} = \dfrac{\pi D^4}{32} - \dfrac{\pi d^4}{32} =$

$G = \dfrac{\Delta T \cdot L}{\Delta\varphi \cdot I_\mathrm{p}} =$

（2）应变电测法

$\gamma =$

$W_\mathrm{t} =$

$G =$

五、问题讨论

两种测试结果，G 值是否大致相等？如果不等，试分析其产生误差的原因。

实验五　拉抻时材料弹性模量 E 和泊松比 μ 的测定

实验日期：　　　　　　姓名：　　　　　　专业班级：

一、实验目的

二、仪器设备

1. 设备名称及型号

2. 测试仪器名称及型号

3. 量具名称及精度

三、实验记录

1. 试件截面尺寸

（1）宽度 $h =$ 　　　　　　　　mm

（2）厚度 $b =$ 　　　　　　　　mm

（3）面积 $A = h \times b =$ 　　　　　　　mm^2

2. 测试记录及计算

加载序号	荷载 F/N	荷载增量 $\Delta F/N$	应变仪读数				计算
			2（纵向）		4（横向）		
			读数	读数差	读数	读数差	（1）弹性模量： $E = \dfrac{\Delta F}{\Delta \varepsilon_{纵} A} =$
1	$F_1 = 500$						
2	$F_2 = 1\ 000$	500					
3	$F_3 = 1\ 500$						
4	$F_4 = 2\ 000$						（2）泊松比 $\mu = \left| \dfrac{\Delta \varepsilon_{横}}{\Delta \varepsilon_{纵}} \right| =$
读数差的平均值 $\overline{\Delta \varepsilon}/\mu \varepsilon$							
应变增量 $\Delta \varepsilon = \overline{\Delta \varepsilon} \times 10^{-6}/\varepsilon$							

四、作图

作 $\sigma - \varepsilon$ 在弹性范围的关系图，观察是否是直线，以验证虎克定律。

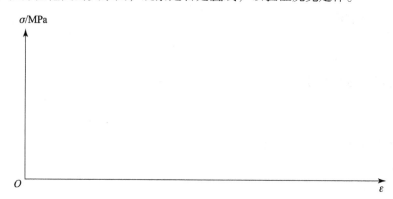

五、问题讨论

影响实验结果的因素是什么？为何要用等量加载法进行实验？

实验六 梁的弯曲正应力试验

实验日期：   姓名：   专业班级：

一、实验目的

二、仪器设备

（1）设备名称：   型号：

（2）仪器名称：   型号：   精度： $\mu\varepsilon$

（3）电阻应变片灵敏系数 $K =$

三、实验记录

1. 梁加载简图

2. 梁的尺寸及机械性质

项目	跨度 L/mm	梁高 h/mm	梁宽 b/mm	加载点离支座间的距离 a/mm	惯矩 I_z/mm^4	弹性模量 E/MPa
数值						

3. 应变测试记录及数据处理

荷载/N ＼ 读数/$\mu\varepsilon$ 测点	1 应变仪读数	1 读数差	2 应变仪读数	2 读数差	3 应变仪读数	3 读数差	4 应变仪读数	4 读数差	5 应变仪读数	5 读数差
$F_1 = 500$										
$F_2 = 1\,000$										
$F_3 = 1\,500$										
$F_4 = 2\,000$										
读数差平均值 $\overline{\Delta\varepsilon}$										
试验值/MPa $\sigma_{试} = E \cdot \overline{\Delta\varepsilon} \times 10^{-6}$										

四、理论值计算

$$\Delta F = \qquad\qquad N \qquad\qquad\qquad \Delta M = \frac{1}{2}\Delta F \times a =$$

离中心轴的距离 y_i/mm	$y_1 =$	$y_2 =$	$y_3 =$	$y_4 =$	$y_5 =$
$\Delta\sigma_{理} = \dfrac{\Delta M \cdot y_i}{I_z}$/MPa					

五、实验值和理论值比较

测点 比较	1	2	3	4	5
$\Delta\sigma_{理}$/MPa					
$\Delta\sigma_{试}$/MPa					
相对误差/%					

注：3 点按绝对误差计算。

六、应力分布图

理论应力分布图   实验应力分布图

七、问题讨论

（1）影响实验结果的主要因素是什么？

（2）弯曲正应力的大小是否会受材料弹性模量 E 的影响？

实验七　弯扭组合变形主应力的测定

实验日期：　　　　　　姓名：　　　　　　专业班级：

一、实验目的

二、仪器设备

三、实验记录

1. 试验装置加载简图

2. 构件的尺寸和机械性质

项目	内径 d/mm	外径 D/mm	扭转力臂 a/mm	弯曲力臂 c/mm	弹性模量 E/MPa	泊松比μ
数值						

3. 测试记录

荷载/N \ 读数/με \ 测点	A 点						弯矩		扭矩	
	$\varepsilon_{45°}$		ε_0		$\varepsilon_{-45°}$		A、C 点测弯矩		A 点测扭矩	
	N_i	ΔN_i	N_i	ΔN_i	N_i	ΔN_i	N_i	ΔN_i	N_i	ΔN_i
$F_1 = 200$										
$F_2 = 400$										
$F_3 = 600$										
$F_4 = 800$										
读数差平均值 $\overline{\Delta\varepsilon}/\mu\varepsilon$										
应变增量 $\Delta\varepsilon_i = \overline{\Delta\varepsilon} \times 10^{-6}/\varepsilon$										

四、实验数据处理

1. 计算 A 点实测时的主应力和主方向

$$\varepsilon_1 = \frac{1}{2}(\varepsilon_{-45°} + \varepsilon_{45°}) + \sqrt{\frac{1}{2}[(\varepsilon_{-45°} - \varepsilon_0)^2 + (\varepsilon_0 - \varepsilon_{45°})^2]}$$

$$\varepsilon_3 = \frac{1}{2}(\varepsilon_{-45°} + \varepsilon_{45°}) - \sqrt{\frac{1}{2}[(\varepsilon_{-45°} - \varepsilon_0)^2 + (\varepsilon_0 - \varepsilon_{45°})^2]}$$

$$\sigma_1 = \frac{E}{1 - \mu^2}(\varepsilon_1 + \mu\varepsilon_3) =$$

$$\sigma_3 = \frac{E}{1 - \mu^2}(\varepsilon_3 + \mu\varepsilon_1) =$$

$$\alpha = \frac{1}{2}\arctan\frac{\varepsilon_{45°} - \varepsilon_{-45°}}{2\varepsilon_0 - \varepsilon_{45°} - \varepsilon_{-45°}} =$$

2. 计算实测时的弯矩和扭矩大小

$$M_w =$$

$$M_n =$$

五、理论值计算

A 点：$M_\mathrm{w} = \Delta F \times c =$

$$y = \rho = \frac{D}{2} =$$

$$I_z = \frac{\pi}{64}(D^4 - d^4) =$$

$$\sigma_x = \frac{M_\mathrm{w} y}{I_z} =$$

$$M_\mathrm{n} = \Delta F \times a =$$

$$I_\mathrm{p} = \frac{\pi}{32}(D^4 - d^4) =$$

$$\tau_x = \frac{M_\mathrm{n} \rho}{I_\mathrm{p}} =$$

$$\sigma_1 = \frac{\sigma_x}{2} + \sqrt{\left(\frac{\sigma_x}{2}\right)^2 + \tau_x^2} =$$

$$\sigma_3 = \frac{\sigma_x}{2} - \sqrt{\left(\frac{\sigma_x}{2}\right)^2 + \tau_x^2} =$$

$$\alpha = \frac{1}{2}\arctan\frac{-2\tau_x}{\sigma_x} =$$

六、理论值与实验值比较

测点	A 点			弯矩 M_w	扭矩 M_n
主应力及方向	σ_1	σ_3	α	/	/
理论值/MPa					
实测值/MPa					
相对误差/%					

七、问题讨论

分析误差产生的主要原因。